给孩子一个伴儿
——二胎养育之道

凌子谦 / 编著

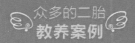
众多的二胎
教养案例

专家支招
化解
手足纠纷

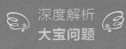
深度解析
大宝问题

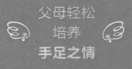
父母轻松
培养
手足之情

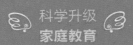
科学升级
家庭教育

青岛出版社
QINGDAO PUBLISHING HOUSE

图书在版编目（CIP）数据

给孩子一个伴儿：二胎养育之道 / 凌子谦编著. —青岛：青岛出版社, 2014.12
ISBN 978-7-5552-1463-2

Ⅰ.①给… Ⅱ.①凌… Ⅲ.①婴幼儿－哺育－基本知识②儿童教育－家庭教育
Ⅳ.①TS976.31②G78

中国版本图书馆CIP数据核字（2015）第002965号

书　　名	给孩子一个伴儿 ——二胎养育之道
编　　著	凌子谦
出版发行	青岛出版社
社　　址	青岛市海尔路182号（266061）
本社网址	http://www.qdpub.com
邮购电话	13335059110　0532-68068026
策划编辑	刘海波
责任编辑	尹红侠　赵慧慧
封面设计	宋修仪
制　　版	青岛乐喜力科技发展有限公司
印　　刷	青岛海蓝印刷有限责任公司
出版日期	2015年3月第1版　2017年4月第1版第3次印刷
开　　本	16开（710mm×1010mm）
印　　张	15
字　　数	200千
印　　数	12001-16000
书　　号	ISBN 978-7-5552-1463-2
定　　价	35.00元

编校质量、盗版监督服务电话：4006532017　0532-68068638

在《论语》中曾记载了这样一个故事：孔子的学生司马牛满脸忧愁地说："别人家里都有兄弟，而我却没有，真的好可怜啊！"他的同学子夏听了之后，便安慰他说："没有关系啦，只要你是一个品行高尚的人，那么四海之内都是你的兄弟，所以没有什么可忧愁的。"从《论语》所记载的这个故事中，我们不难推断，早在两千多年前，我们国家就已经出现独生子女的家庭了，同时也知道这些独生子女在现实生活中所面临的孤独与失落。当然，子夏的话也不是没有道理，一个人只要心胸开阔，热情待人，那么四海之内都可以找到兄弟，确实没有什么可忧虑的。然而，彼兄弟终究非此兄弟，因为这里面毕竟少了一层血缘的关系，所以在那个时代，作为独生子的司马牛，多少还是有些遗憾的。

两千多年之后，中华民族迎来了真正的太平盛世——新中国。新中国成立不久，随着生活水平的提高以及医疗卫生条件的改善，死亡率逐年降低，人口无计划的盲目增长同国民经济发展的矛盾愈加明显，而这一切都预示着如果不采取措施，我国人口将会出现爆发式增长。为控制我国人口的过快增长，提高国民素质，我国于1982年正式将计划生育作为我国的基本国策，全面推行计划生育。实践证明，我国在实施计划生育的30多年的时间里，有效地减少了人口数量，提高了人口素质，缓解了资源环境压力，对促进经济和社会的持续发展起到了重要的作用。随着我国经济和社会的全面发展，根据我国人口形势的发展规律，国家有计划地调整完善生育政策，先后提出了"单独二孩"和"全面二孩"的政策。这些政策的实施将有助于失衡的性别比恢复正常，有助于调整家庭"4-2-1"的人口格局，提高家庭抵御各种风险的能力，有助于促进社会的和谐。

对于个体的家庭来说，"全面二孩"政策的实施，就会让家庭多一份欢声笑语；让孩子在生活中多一个玩伴，在求学的路上可以多一个互相帮助、互相指导、互相激励的亲人。更为重要的是，"全面二孩"政策的实施让孩子将来不必面对上面需要赡养四位老人，下面还要抚养一个孩子的困境；有了兄弟姐妹之后，孩子们就可以有福同享、有难同当，共同面对人生的风风雨雨，携手共创美好的未来。

然而，生两个孩子并不是添双筷子那么简单，这其中有一些问题是不容忽视的。虽然在很多父母看来，一个孩子太孤单了，有个兄弟姐妹，不但让孩子小时候有个玩伴，将来也能互相照应，但这毕竟只是父母一厢情愿的想法。作为父母，千万不要忘记这样一个事实：几乎每个孩子的内心深处都渴望能够独享爸爸妈妈的爱。所以，如果你打算生两个孩子，那就一定要给予他们平等的爱，并且让他们真切地感受到自己的独特，因为每个孩子在这个世界上都是独一无二的。这就需要父母在生二宝之前，首先要做好大宝的思想工作，安抚大宝的情绪；而生了小宝之后，父母更要学会在两个孩子之间保持平衡。这样，才能使家庭教育进入良性状态。

总之，生两个孩子，有利也有弊，不管是对于国家来说，还是对于家庭来说，都将面临新的挑战、新的生活结构和新的命运。所以，在这本书中，我们将从二孩政策入手，围绕如何教育好两个孩子这个话题进行全面而深入的探讨，其中包括什么样的家庭适合生二孩，如何算好经济账，如何让两个孩子和睦相处，如何处理孩子之间的矛盾，如何让两个孩子都成才，等等。

相信读完本书后，你的育儿观念一定会得到及时更新，并因为观念的更新而使家庭教育得到升级，从而培养出更加优秀的孩子，使家庭生活变得更加和睦，更加幸福，更加美满。

编　者

2017 年 3 月

目录 contents

Part 1 二胎，到底要不要生？ ·················· 13

　　随着国家"全面二孩"政策的开放，很多符合条件的家庭在感到高兴的同时，
却禁不住要问：二胎，到底要不要生？因为谁都知道，要想生二胎，完全不是添一
双筷子那么简单，这里面有太多的因素需要考虑。比如，你养得起吗？生了二宝后，
大宝的心理会不会出问题？你有精力同时照顾两个孩子吗？如果没有事先考虑好这
些问题，或者在没有任何准备的情况下，就仓促地生下二宝，会比较被动。所以，
到底要不要生二胎，这是一个很严肃的问题，要么不生，要生就必须做好面对各种
问题的准备。

生二胎原本是不需要什么理由的，因为每个孩子生来都应该拥有兄弟之情或姐妹之爱，这是完全合乎情理的。只是在经历了三十多年的计划生育之后，二胎政策一开放，却让早就习惯了只生一个的家庭，一时之间不知所措，于是就像当初为什么要实行计划生育一样，要不要生二胎，也需要找一些理由。那么，在当今社会的家庭中，生二胎都有哪些好处呢？又有哪些不容拒绝的理由呢？

三十多年来，最让父母们感到困惑的一个问题，就是在家里只有一个孩子的情况下，该怎样对孩子进行教育。今天，很多的父母又面临着新的困惑，那就是在家里有两个孩子的情况下，该怎样去面对他们。更为关键的是，这些新的困惑并不是你不想面对，它就不存在，比如愧疚、均等、比较、紧张等。这些新的困惑会随着小宝的到来而悄悄地埋藏在你的心里，而且会时不时地钻出来干扰你，使你失去理性。所以，这些困惑是需要你去面对，并学会放下的。因为只有放下这些困惑，我们才能够清除掉那些对自己和孩子都不利想法和情绪，才能以一种健康、成熟的心态去教育好孩子。

Part 4 二宝出生后，大宝的问题也来了 ············ 77

二宝出生后，全家忙得不亦乐乎。妈妈则忙着坐月子照顾小宝宝，而大宝却快乐不起来，而且还出现一些怪异反常的行为，动不动就尖叫、哭闹，有时趁着爸妈不注意偷偷捏自己的弟弟妹妹，甚至要求像弟弟妹妹一样包尿布、用奶瓶，状况百出，整天找麻烦，妈妈面对上述状况简直要崩溃。妈妈们很不理解，有些妈妈甚至会抱怨说没有二宝时，大宝的很多事情都可以自己做，二宝出生后反而退化不会做，甚至还会唱反调，问题特别多。到底问题出在哪里，又该如何妥善处理呢？

Part 5 相爱简单，相处不难 ························· 119

兄弟姐妹都是同一个父母所生，古人将其比喻为手足，也就意味着是有血缘之亲的人。家有二宝的家庭能否幸福和睦，兄弟姐妹之间的相处占据着举足轻重的地位。

然而，家有二宝的父母，往往都会遇到这样的情况，那就是两个宝宝经常会争风吃醋，甚至为了一点小事而闹得不可开交，互不相让。诚然，兄弟姐妹天天生活在同一个屋檐下，出现矛盾和纠纷是在所难免的。这个时候，父母如何处理，就显得极为关键。父母如何才能让兄弟姐妹间做到互相关爱，互相帮助，在产生矛盾时能够做到互相体谅，互相谦让呢？父母如何才能避免将小事弄大，避免伤害他们的手足之情呢？这就需要父母了解手足之间的相处之道，让手足之间相爱简单，相处也不难。

Part 6 爱要说，爱在做 ·······························　153

　　孩子的内心是脆弱敏感的。孩子在成长的道路上不能离开爱而生存。如何让两个孩子都能感受到父母的关爱是每个父母都应该思索的问题。孩子不会像大人一样，会用心体会含蓄的爱，他们都只能用眼睛所见、耳朵所听、身体所感受到来感知父母对自己的爱。而让孩子感受到，听到、看到、触摸到父母的爱，就需要父母大声地说出自己爱，更要大方地做出来，父母应该拿出实际行动传递你对两个宝宝无限的关爱。让大宝小宝能够同时感受到你内心的温暖和内心的爱。

Part 7 一视同仁，用爱心激励孩子 ……………… 175

　　在这个世界上，从来就没有过十全十美的人，就算是那些为人类作出过卓越贡献的伟人、大师、天才，他们的身上都存在着或多或少的缺点。所以，我们也没有必要因为自己的孩子身上有一些缺点而过度焦虑，因为每一个孩子都拥有属于他的天赋，关键要看你是否能够发现并加以正确引导。退一万步说，就算这个世上没有别的人看得起我们的孩子，我们也要眼含热泪地欣赏他、拥抱他、赞美他，这是我们创造的生命，所以我们应该为此而感到自豪。

每个孩子来到这个世界上，都带着天使般的使命，都是爸爸妈妈的心头肉，都有属于自己的人格特质和独一无二的存在感。家里的两个孩子，各自都必须去学习和解决人生的难题。不论父母当初对生育问题的考虑如何，对待每一个孩子都尽量该用妥帖的态度和方法。每一个孩子呱呱坠地时都是一张无瑕的白纸，成长就是染色的过程，如何把他们塑造成一幅完美而独特的作品，才是父母真正要去努力学习的课题。现代孩子所面临的世界是父母不曾面对的新世界，父母该如何陪伴孩子面对这新奇的未来世界？

PART 1

二胎，
到底要不要生？

随着国家"全面二孩"政策的开放，很多符合条件的家庭在感到高兴的同时，却禁不住要问：二胎，到底要不要生？因为谁都知道，要想生二胎，完全不是添一双筷子那么简单，这里面有太多的因素需要考虑。比如，你养得起吗？生了二宝后，大宝的心理会不会出问题？你有精力同时照顾两个孩子吗？如果没有事先考虑好这些问题，或者在没有任何准备的情况下，就仓促地生下二宝，会比较被动。所以，到底要不要生二胎，这是一个很严肃的问题，要么不生，要生就必须做好面对各种问题的准备。

生二胎，经济条件允许吗？

对于很多符合二胎政策的家庭来说，要把生二胎的计划真正提到日程上来，还真的不是一件简单的事儿。尤其是对于都市的家庭来说，就更不是想一想、说一说那么简单了，因为无论如何也绕不开那个让人头疼的"经济账"。所以，本着对孩子负责的态度，在你决定把二宝生下来之前，还是先把这笔账好好算一算吧！

36 岁的张女士，自己做一点小生意，老公是一个上班族，家庭年均收入在 15 万元左右。大儿子 6 岁，刚上小学，小女儿刚满 1 岁。

在张女士的育儿账本中，花在大宝身上的开销，可以说是相当惊人。在大儿子还没有上幼儿园之前，由于是第一个孩子，没照顾经验，所以雇了保姆。每月给保姆的工资是 2000 元，孩子的奶粉费是每月 1000 多元左右；等孩子上了幼儿园后，除了一下子掏 5 万元的择校费，每学期还需要交 1 万元的学费，再加上给孩子报各种兴趣班，每个月又投入 3000 元。

这样算下来，仅仅是大宝的开销，平均每个月就达到 5000 元左右，一年下来就是 6 万。所以，6 年下来，张女士花在大宝身上的钱就已经将近 40 万，相当于这个家庭近一半的收入。

不过，即使这样，张女士还是很坚决地要了二胎。虽然张女士知道，生了二胎之后，少不得又要投入一笔钱，但她在仔细地盘算之后，觉得花在二宝身上的钱，应该不会有大宝那么多。原因主要有三点：一是因为自己已经有了育儿经验，不用再雇保姆，每月就能省下 2000 元；二是二宝需要用的玩具、小床、餐椅等，因为之前已经买过，所以不用再重复购买了，这也可以省下一笔钱；三是二宝上幼儿园时，对于兴趣班的投入，同样因为有了大宝之前的经验，所以可以考虑适当精简掉一些不必要的投入。而实际情况也恰如张女士所预算的那样，目前小女儿每个月的平均花销只在 2000 元左右，比大宝当初的花费少了一半多。

张女士说："我们对生二胎这件事整整计划了三年多，这中间想了很多，并做了很多准备工作。"可见，张女士在打算要二胎之前，是经过深思熟虑的，尤其是在经济方面，更是精打细算。

当然，也有朋友问张女士，既然多了一个孩，就得想到将来给他准备一套房子，那样的话，成本立刻就上来了。但张女士却觉得，根本没有必要想得那么远，只要在孩子的教育等一些必要支出上做好预算就可以了。

张女士的家庭情况，可以说反映了当前我国二三线城市大部分家庭收入的现状。而对于生养孩子这个问题，如果从经济学的角度来看，其实就是一个"延期支付"的问题。很多家庭之所以对生二胎怀着纠结的心理，关键在于算这笔经济账时，往往只注意到了眼前的投入，却忽视了未来的"延期支付"回报。另外，从一般的规律来看，家庭收入也会逐年增加的，这也是一些年轻的父母容易忽视的事实。

当然了，由于通货膨胀等客观因素，也往往让人觉得养二胎的成本从表面上来看要比头胎高，但实际上这是一个"货币时间价值"的问题。同样是 100 元，其购买力时隔几年是不同的，这是一种纵向的对比，所以没有可比性。而如果是同一时间内的横向对比，其实就是一个"成本分摊"的原理，也就是考虑到一些育儿成本的重复性投入，导致固定成本的降低。这样一来，二胎的育儿成本就会出现"1+1<2"的结果，上述案例中的张女士就属于这个情况。

不过，虽然从理论和实践的角度上来看，二胎的养育成本会更低一些，但具体到每个家庭，还是有一些区别的。在经济条件比较有限的情况下，将有限的资源和成本投入到一个孩子的身上，就要比将有限的资源分成两份更有"效率"。而如果经济条件比较好，那么从一般的概率来看，培养两个孩子就要比一个孩子的成功率更大一些。这种概率体现在孩子将来事业的成就、赡养父母的能力等方面都将会是"1+1>2"的结果。

从上述的分析情况来看，对于有二胎生育计划的家庭来说，关键还是要做好前期资金投入的准备。所以，一般而言，两个孩子的年龄最好相差 3~5 岁比较合理，因为这样可以给家庭经济支出一个"缓冲期"。而按照普通家庭目前的收入水平来看，只要用三年左右的时间来准备，基本上就可以应付前期的生育费用了。

　　虽然很多人都觉得一个孩子太孤单，有两个孩子会更好，但在生活压力日益加重的今天，很多人对于要二宝往往只是想一想而已，始终没有勇气再生一个。那么，生二宝跟挣多少钱真的有这么大的关系吗？下面我们一起来看看另一位二胎妈妈是如何说的吧。

　　看着两个孩子慢慢地长大，我的心里装了满满的幸福。而我身边的朋友，更是既美慕又佩服；羡慕的是我有两个宝宝；佩服的是在生活压力这么大，养孩子成本如此之高的今天，我还敢生第二胎，而且还养得好好的，真是了不起。

　　我知道，在很多人看来，我的家庭条件并不是很好，只能说还过得去。所以大家都认为，以我家庭的经济现状来看，要养两个孩子，肯定会导致生活质量下降。的确，家里有两个孩子，经济成本确实会增大一些，这是大家都知道的。但是，有一点大家都不知道，只有真正养过两个孩子的妈妈才知道的，那就是养二宝的时候，要比养大宝容易得多。所谓的一回生，二回熟，说的就是这个道理。

　　如果两个孩子是一男一女，那就正好，可以保持阴阳平衡；如果两个是同性，那就更好了，因为一些玩具、衣服等日常用品，几乎可以轮着用。

　　至于饮食，除了奶粉钱花得稍微多一些以外，其余的开销跟养一个孩子是差不多的。

　　当然了，养育孩子，最不容忽视，也是最严肃的一个问题，就是教育的问题，所以只要在教育上不亏待了孩子就好。我的做法是，等孩子上了幼儿园之后，就根据孩子的爱好，给他报一个兴趣班。至于兴趣班的选择，目的也只有一个，那就是培养孩子的特长。但现在很多父母在给孩子选择兴趣班方面，既不衡量一下自家的经济条件，也不问问孩子有没有兴趣，只看社会上流行什么，就给孩子报什么班，还美其名曰"一切为了孩子"，结果不但花了一大笔冤枉钱，孩子也不领情，这是非常可惜的。

所以，我越来越觉得，生二宝跟挣多少钱真的没有多少关系。当然了，也有人会这样认为："我之所以不要二胎，是为了把我所有的爱和物质都给予我唯一的孩子。"但是，我们又要问了：既然你能把自己认为一切好的东西都给你的孩子，那为什么不愿意给她一个兄弟姐妹，让他有更多的亲情依托呢？

不过，有时候我也会想，如果我家只有一个孩子，那么我们只要有一套房子就可以了。如果是女孩子的话，将来还会嫁出去，这样我们还可以把省下来的钱买车，提高生活质量。但转念一想，即使有两个男孩也没什么大不了的，就算我们无力再买一套房子，等孩子长大了，可以自己赚钱买。相反，如果什么都给孩子准备好了，说不定就会让孩子成为"啃老族"。

所以，人生的幸福，真的只在于自己的感觉，有的人可能觉得拥有更多的钱才能

幸福，也有的人可能觉得能够让孩子过上优越的生活才是幸福。而我却觉得，只要有两个绕膝的幼儿，就是满满的幸福。

看了这位二胎妈妈讲述的育儿感受，相信很多年轻的父母们也已经意识到，生养二胎并没有我们想象中的那么难。实际上，很多有见识的父母，即使他们的经济条件很好，但在养育孩子时，还是采取了"穷养"的原则。

高欣是一家私营企业的老板，自从公司经营走向正常轨道后，他的家庭每年都有几百万元的收入。但即使这样，他也并没有无限制地给两个孩子花钱，因为他坚信孩子要"穷养"，以后才会有出息。以前，他的小孩子每次在超市里看见玩具就要买，如果不给买就开始哭闹，但他和妻子都硬下心肠不理他。而孩子见父母对自己无理的哭闹没有反应，也就不再闹了。这个时候，高欣才告诉小儿子："儿子，这种玩具我们家已经有了，如果我们再买回去，那么家里的那些玩具会很伤心的。另外，如果你以后真的想得到自己喜欢的东西，你得先帮奶奶干活。"后来，小儿子为了得到自己心爱的玩具，就很主动地帮大人干活；老大见了，也不甘落后。慢慢的，两个孩子就会明白这样一个道理，那就是要想得到，必须先付出。

可见，如果让孩子在小时候能够体验一下"穷"的滋味，将会对孩子健全人格的形成起到十分重要的作用，同时也可以让孩子拥有爱心、正直、善良、勤俭节约等品质，这些都会使孩子终身受益，也会成为蕴藏在孩子内心深处取之不尽的资本。所以，对于孩子的养育，并不一定需要家里有多少钱才能够养好。尤其是对于孩子的教育，很多时候都是免费的，即使需要钱，我们只要将有限的资金用在刀刃上，相信就会取得事半功倍的效果。

生二胎，你还有精力带吗？

2014 年春节期间，著名的影视明星马伊琍顺利产下二胎。而在此之后，马伊琍又转发一条关于"你是否愿意生二胎"的微博调查，并写道："这一直是我多年来纠结的问题，要不要生二胎，起决定因素的不是经济问题，而是你有没有足够的精力亲自照顾和教育好两个孩子！自己带大的孩子和别人带大的孩子，确实判若两人。"

的确，不管是像马伊琍那样的明星们，还是对普通的老百姓来说，有没有精力教育孩子，甚至比有没有能力养孩子显得更重要。纵观当今的社会，饿死的孩子基本上已经没有了，但吃得太饱，或者因为太挑食而生病的孩子却有很多。从这一点我们不难看出，现代的人们并不缺少养孩子的能力，而是缺乏教育孩子的精力。我们不妨设想一下，如果你养不起孩子，那么孩子能吃撑吗，孩子能有机会挑食吗，父母会追着孩子喂饭吗？可见，现在的很多父母不是养不起孩子，而是教不起孩子。原因很简单，因为没有精力。

在二孩政策还没出台的时候，很多准妈妈都有一个强烈的愿望，那就是能够生一对龙凤胎。这样一来，就不用纠结要不要再生二胎，也不用考虑是儿子还是女儿的问题了。

但是，两个年龄一样大的孩子，在婴幼儿时期也给家庭带来了许多挑战。

张希就是一位龙凤胎妈妈，两个孩子也即将上小学。在谈到教育两个孩子的话题时，张希就无限地感慨："两个孩子一样大，带起来真的又苦又累，当然也有很多开心的时刻。"

当被问到是否自己一个人带孩子时，张希回答说："我哪里能带得过来呀，两个孩子从出生到 3 岁，我都是请保姆帮忙带的。因为双方父母年龄都比较大，根本没有那个精力，只能偶尔帮个忙。每当我被两个孩子折腾得精疲力竭的时候，我总是这样安慰自己：等他们再长大一些，上了学之后，我就可以解放了。可是，我又听到别的家长说，孩子从一年级到三年级这段期间，妈妈其实更辛苦。因为每天都要督促他们做作业，他们有不明白的地方，还要辅导一下。所以，我现在只能安心做一个全职妈妈了。"

像张希那样，为了孩子而选择做全职妈妈的女性还有很多，原因很简单，要把对孩子的教育问题全部托付给保姆或者学校，那都不太现实。因为那样一来，孩子就真的没有"家教"了，而没有"家

教"的孩子，不管你给他们留下多少财产，最终也不够他们挥霍的。而要做一个有责任的妈妈，就必须为了孩子作出相应的牺牲，比如在孩子最需要妈妈照顾的关键阶段，即使你在职场上顺风顺水，前途无量，你也只能暂时退出，回归家庭，做一个全职妈妈。

但是，你甘心这样做吗？这是一个需要你去认真思考的问题。如果你的回答是肯定的，那就放心地生吧，因为你会有足够的精力来教育好自己的孩子；但如果你想当职场上的女强人，那就要考虑要不要生，因为一旦分心，往往会导致你哪样也做不好，老板也会因此怀疑你精力不够而不愿委以重任。

当然了，如果你想既要取得事业上的成功，又想成为一个负责任的好妈妈，也不是不可以。但是，在计划生育二胎时，一定要避开以下三个时段：一是单位最近一年内工作任务比较重，需要你经常加班或经常出差；二是你个人职业的发展正处在迅速上升阶段，近期有可能会得到晋升或调薪；三是近期工作的环境受辐射、污染较大。只要避开了这三个时段，那么生二胎的计划和职业发展规划之间的矛盾就可以尽量避免了。

总之，在决定要不要二胎时，我们除了考虑养孩子的经济问题以外，更要考虑到教孩子的精力问题。所谓"养不教，父之过；教不严，师之惰"，古人的忠告，在这个时候显得更为重要了。

生二胎，大宝同意吗？

据相关调查资料显示，当父母准备要二胎时，大多数的孩子都会出现抵触的情绪。然而，父母们也没有必要过于担心，因为这是很正常的现象。父母只有坦然面对并接纳孩子的消极抵触情绪，才有可能找到问题的根源所在。

其实，很多孩子在没有学会分享之前，都会认为"爱是自私的"。所以，在生二胎之前，就有必要先给孩子一个心理铺设，让孩子理解弟弟妹妹的出现会给他带来什么，并要告诉孩子，父母为什么要给他生一个弟弟妹妹。当然了，这里面有一个问题是必须强调的，那就是让孩子明白，即使有了弟弟妹妹之后，父母对他的爱也不会减少。而小宝出生之后，父母关注的重心自然会产生转移。此时，如果父母没有更加关注大宝的反应和感受并及时给予心灵上的抚慰，孩子就有可能做出过激的行为。

小燕今年已经12岁了，父母开了一家公司，家庭条件还算不错。可以说小燕从小就在"蜜罐"中长大，受到父母的百般宠爱，是家里说一不二的小公主。

随着国家"全面二孩"政策的实施，小燕的父母便想着再生一个孩子，不久小燕的妈妈就怀孕了。但小燕却不干了，无论如何也不愿意让妈妈生二胎。当弟弟出生后，小燕一气之下离家出走。后来父母在同学家找到她，但她就是不愿意回家。在同学的劝说下，她才勉强答应搬到外婆家去住，但

从此连"爸妈"也不肯叫了。

无奈之下,父母只好向小燕的同学打听,看看她到底有什么样的想法。父母从小燕的同学口中得知小燕的担忧。原来小燕最担心的是,等弟弟长大后,就会继承家里的所有财产。父母得知小燕的这种担忧后,于是又和外婆去做她工作,并承诺她:等弟弟长大后会将家里的财产进行公证,他们姐弟俩一人一半,不会偏向弟弟。小燕在得到父母的承诺后,才同意回到父母家中。

像小燕这样,因为弟弟妹妹的到来而感到失落,并愤然离家出走的孩子,其实还有很多。而之所以会出现这种令人担忧的现象,多是因为父母对孩子的心理变化没有引起足够的重视,当然更谈不上对孩子进行必要的心理铺设了。或许你会说,在计划生育实施之前,每个家庭至少都有两个孩子,也没见过哪家的大宝会闹情绪的呀!其实,这是一个习惯性的问题,也是一种生活方式的问题。在没有实施计划生育之前,由于每个家庭都有两个以上的孩子,所以大宝会期待弟弟妹妹的到来,如果父母只生他一个,他反倒觉得不正常了;而在计划生育实施了三十多年后的今天,孩子们一生

下来就习惯了家里只有一个孩子，习惯了以自我为中心，所以当家里又多了一个弟弟妹妹时，他又觉得不正常了。

那么，既然孩子如此反对父母要弟弟妹妹，是不是就应该顺从孩子，不再生二胎了呢？也不尽然，因为孩子的心理都比较单纯，所以考虑的事情也往往比较单一，而且只看眼前的事情。事实上，很多独生子女虽然在小的时候，独享了父母的爱，但当他们长大之后，就发现没有兄弟姐妹是人生的一大遗憾。所以，在孩子的强烈反对面前，父母要面对的不是生不生这个问题，而是如何引导孩子的问题。也就是说，在准备要二胎之前，父母一定要让大宝的心理提前做好准备，而这需要父母对其进行引导。

当然，引导也分正面和反面两种，但不管采取哪一种，都应该以"攻心为上"。什么叫正面引导呢？所谓的正面引导，就是以一种柔和的语气与孩子进行商量，比如，你可以这样问："妈妈准备给你生个弟弟妹妹，让他以后天天都陪你玩，好不好？"一般情况下，采取这种方式会使孩子更容易接受一些。如果孩子还不愿接受，那就不妨采取反面的引导方式，所谓的反面引导，就是使用"假设"的语气来"提醒"孩子，让他知道如果没有兄弟姐妹，那么他以后的日子会有多么孤单，尤其是当他受到别人欺负时，他也没有一个帮手。这样一来，孩子在权衡了利害关系之后，慢慢也就接受了。

而在引导孩子的过程中，有一个问题是需要注意的，那就是一定要根据孩子的不同年龄段，采取不同的沟通方式。孩子在 3 岁以前，他会比较容易接受家里有一个弟弟妹妹；而当孩子过了 3 岁之后，由于思维和判断能力都已经初步形成，所以父母就要把他当成一个小大人一样对待，平等地和他进行交流，并尽量给他传递出一些具体的、正面的信息：

❶ 等以后有了弟弟或妹妹之后，爸爸妈妈也会一如既往地爱你，不会有任何的改变，而且你还会因为弟弟妹妹的到来而多了一个帮手。

❷ 等你以后长大了，爸爸妈妈也老了，当爸爸妈妈老得再也走不动时，就需要你的照顾。到那时，如果家里多一个弟弟妹妹，就可以减轻你一半的负担。

❸ 任何一个家都不是以谁为中心的，包括爸爸妈妈，也没有谁说了算这回事，所以你来到这个家之后，就不让别人来，那是一种自私的想法。

此外，父母可以先让大宝多接触一些小朋友，让他在跟别的小朋友玩耍时多积累一些相处经验，这也会影响大宝对弟弟妹妹的反应和态度。如果他在与其他小朋友的相处中，是愉快的，他自然就会希望自己有一个弟弟妹妹；而如果他们之间的相处是不愉快的，那么大宝很可能就会抵触家里再多一个弟弟妹妹。这也直接提醒父母，在给孩子选择小朋友时，一定要选择那种性格比较温和的，懂得谦让的孩子，而不要选那些已经被父母惯坏了的孩子。

生二胎，夫妻双方做好沟通了吗？

夫妻之间过日子，难免会有一些磕磕碰碰，有时是因为沟通不到位，有时是因为一些观点出现分歧。在大多数情况下，很多问题过去了也就过去了，但在某些问题上，如果没有处理好，就有可能会伤害夫妻之间的感情，甚至会影响到婚姻的稳定。比如，在生不生二胎这个问题上，许多夫妻的意见就出现了分歧。一方想要，另一方不想要。遇到这种情况时，应该怎么办呢？专家的建议是，想要二胎的一方最好不要勉强生下孩子，而是应该在要二胎之前就做好沟通。

在某事业单位供职的张静，目前就面临着被催生的境况。张静今年32岁，已经有一个4岁大的女儿。多年来，她的公公婆婆已经不止一次明示或暗示她再生一个孩子，但张静从来没有生二胎的计划。以前每次面对公公婆婆的催生，她都可以理直气壮地说国家政策不允许，只要生了二胎就会被单位开除，公公婆婆自知理亏，当然也拿她没办法。然而，"全面二孩"的政策一出台，张静这一下完全不知道该拿什么理由作为挡箭牌了。

目前，张静正处在事业上升的关键时期，工作压力也比较大，而回到家后，又要照顾女儿，根本就没有心思和精力去要二胎。而现在"全面二孩"政策的出台，对于张静的公公婆婆来说是天大的好事，但对于张静本人来说却是一个沉重的打击。还没等政策正式出台，婆婆就已经迫不及待地打来电话催促她了。张静无奈，只好找老公商量，好在老公比较开明，在了解了张静的真实想法后，答应她去做自己父母的思想工作。虽然张静知道，老公不一定能够说服公公婆婆，但至少他是站在自己这一边的，所以头脑中一直绷着的那根弦，总算是稍微放松一些了。

与张静相比，李婷所面临的情况显然要更糟糕一些。"老公家所有人都要求我必须再多生一个孩子，因为他们考虑到土地分红时，能够多分得一份。"李婷如实说。

李婷的儿子刚满1周岁。当时生儿子时，李婷的身体曾因难产留下隐患，因此如果再生二胎，肯定会有一定风险的。为此，全家人专程陪她到北京的大医院向医生咨询，以确定她还可以再生育。这种看似关怀的做法，让李婷觉得很难受。"我现在觉得他们就把我当成生孩子换取分红的机器，根本没有人理会我的个人感受。难道我作为一个女人，连生不生孩子的决定权都没有吗？"在重压之下，李婷还是选择向老公摊牌，但让她没有想到的是，老公也和公公婆婆站在一边，坚持让她再生一个。为此，小两口开始陷入了冷战，"我很担心新政策还没正式出台，我的婚姻就要先出问题了。"李婷充满担忧地说。

从上述的两个案例中，我们不难看出，在生不生二胎这件事上，家里的老人基本上持支持的态度，而大多数妈妈则处于被动的地位。这原因也很简单，老人们都喜欢热闹，害怕孤独，所以觉得家里人越多越好，这一点我们完全可以理解的；但另一方面，现在很多年轻的妈妈已经走出家庭，把更多的精力投入到职场中，以追求事业上的成功。这样一来，老人们的期待和妈妈们的无奈，就形成了鲜明的矛盾。这个时候，就需要做丈夫的从中进行疏通，以化解双方的矛盾。

我们都知道，夫妻之间是利益的共同体，所以在任何家庭事务的安排上，一定要共同商议。如果夫妻双方的价值观一致，那当然就没有问题；但对于意见有分歧的夫妻来说，如果沟通不到位，那就为日后矛盾的形成埋下了伏笔。所以，不管你想不想生二胎，也不管出于何种考虑，夫妻双方都应该进行真诚的沟通。千万不要勉强妻子生下孩子，否则这个孩子将来就会成为夫妻矛盾的焦点，这对孩子是不公平的，也是不负责任的。

生二胎，要趁早

对于要不要生二宝，很多家庭往往采取观望的态度。因为他们会担心诸如生了之后养不养得起、大宝会不会受委屈、将来上学怎么办等一系列的问题，结果便在这种犹豫不决的观望中错过了最佳的生育机会。当然，也有的父母是因为正处于事业的上升阶段，以致想生也不能生，等到一切都稳定下来，再想起要二胎时，才发现自己已经老了。因此，既然想要生二宝，那就趁早生吧！要问原因，当然也很简单，主要有以下几点：

★ 趁年轻，越早生越好

根据生命的规律和医学常识，女人的生殖能力会随着年龄的增长而逐渐降低，女人最佳的生育年龄段是 25~30 岁。如果是头胎的话，过了 30 岁，就算是高龄产妇了。而过了 35 岁之后，如果再选择怀孕，不管是头胎还是二胎，受孕机会都会变小。因为女性过了 35 岁之后，生殖功能已经开始进入逐渐衰退阶段，如果这个时候再怀孕，胎儿发育存在一些不利因素，甚至会出现早产症状。

相关调查数据表明：在 35~40 岁的女性中，有高达三成的人必须花上一年以上

的时间才能怀孕。同时，报告还指出，超过 35 岁的准妈妈们，都容易患有妊娠高血压、先兆子痫等并发症。因此高龄孕妇在心力、体力等方面都面临诸多考验。

所以，为了对自己好，让自己的身体更好恢复的女性，如果真想要二胎，那就趁着还年轻的时候生吧，这对孩子来说也是很有好处的。

⭐ 趁长辈还有精力帮忙带孩子

或许你的大宝就是由公公婆婆帮忙带大的，所以不妨趁着公婆年纪不算大，且身体状况还好的时候，赶紧生二宝。尤其是在你怀二宝的时候，他们还可以帮忙带大宝，这样可以帮你减轻不少负担呢。在二宝出生之后，老人带孩子肯定非常尽心，再加上育儿经验比较丰富，你就可以放心了。

此外，有公婆帮忙带孩子，你还可以少一些挂念，能够全身心地去发展自己的事业。不用担心孩子上学时没有人接送，也不用担心孩子吃不好穿不好。甚至在周末的时候，夫妻俩还可以忙里偷闲去过二人世界，而不用一放假就围着孩子转。

现在的年轻人都在为事业奔忙，实在没有太多的时间陪伴老人，所以让两个孩子来陪伴公婆，也算是一种很好的补偿吧。

⭐ 大宝越小，越容易接受二宝

有过二胎生育经验的父母都知道，两个孩子之间的年龄差距，将会直接影响到孩子之间的相处。人们发现，两个孩子之间年龄差异太小或太大，都可能会引发一些问题。如果两个孩子年龄差距太小，那就意味着你在生完大宝之后，身体还没有完全恢复的情况下又要生二宝，这对身体健康有一定影响；如果两个孩子年龄差距太大，那么大宝"独享"的习惯已经形成，所以很难接受二宝。因此，一般情况下，两个孩子之间年龄相差 2~3 岁是比较合适的。对于妈妈来说，可以在两次怀孕之间有比较充足的时间调整好身体和心理上的状态；对于孩子来说，彼此之间虽有竞争，但又不会过于强烈，而且由于他们之间有一定的年龄差距，也更容易培养孩子之间的感情。

当然，每个家庭的实际情况不同，所以两个孩子之间年龄到底相差几岁比较合适，也不是绝对的。如果两个宝宝之间年龄差距比较小，虽然你辛苦的日子能更快结束，但花费也会比较集中，而且两个宝宝大点儿后，容易同时对同一件东西感兴趣，所以彼此之间的争吵会更多一些。如果两个宝宝之间的年龄差距比较大，你就有机会享受到每个宝宝成长过程中的点滴快乐，还可以在每个宝宝的幼儿期里给予更细心的照顾。同时这也意味着你将有更长的时间来分摊养育宝宝的费用，不至于因为花费太集中而形成太大的经济压力。

不过，如果两个宝宝之间的年龄差距过大，他们长大

后可能彼此没那么亲近。而且，大宝也会产生怨恨的情绪，因为他觉得自己的地位被二宝给霸占了。另外，如果女性过晚生育，也容易导致宝宝出现早产、体重过低等风险。

总之，二宝的到来，会给家庭的生活带来巨大的改变。抚养两个孩子，还要考虑各种因素，比如父母是否做好了足够的心理和经济上的准备，是否有足够的精力和条件同时照顾两个不同年龄的孩子。当然，多数父母都是经过慎重考虑后，才做出再生一个孩子的决定，所以就不要过于担心了，因为新的快乐会抵消你所有的劳累和苦恼。

PART 2

生二胎的 N 个理由

　　生二胎原本是不需要什么理由的，因为每个孩子生来都应该拥有兄弟之情或姐妹之爱，这是完全合乎情理的。只是在经历了三十多年的计划生育之后，二胎政策一开放，却让早就习惯了只生一个的家庭，一时之间不知所措，于是就像当初为什么要实行计划生育一样，要不要生二胎，也需要找一些理由。那么，在当今社会的家庭中，生二胎都有哪些好处呢？又有哪些不容拒绝的理由呢？

家有两孩，家庭更和谐

小丽和她的老公都是典型的80后独生子女，所以3年前，当他们的儿子出生之后，他们家就变成了典型的"4-2-1"家庭（4个老人、2个大人和1个孩子）。于是乎，家里就出现了一个尴尬的局面，那就是6个大人向1个孩子争宠。

为了成为孩子最喜欢的那个人，大家都争着给孩子买衣服、玩具、糖果等各种日用品；如果孩子哭了，大家便都围着孩子转，不停地安慰。渐渐的，小丽的儿子变成了一个"小皇帝"，由6个大人服侍着，孩子想要月亮，大人就不敢给星星。

还是小丽的老公反应得快，很快就意识到再这样下去，对孩子的成长将极为不利，于是开始劝老人不要再这样向孩子争宠，但老人们不但听不进去，反而指责他不懂得心疼孩子。渐渐的，两代人开始因为教育孩子的问题而产生了矛盾，有时甚至发生激烈的争吵。小丽夹在中间左右为难，她知道老公这样做是对的，但老人的想法也没有错，毕竟家里就这么一个小孩，谁不想好好地照顾呢？

思前想后，小丽终于产生了要二宝的念头。虽然她知道孕吐很难受，分娩很遭罪，喂奶很辛苦，也知道将面临更大的经济压力，但为了孩子的健康成长，她还是决定再生一个。

果然，当老二顺利降生之后，大家就将精力转移到老二的身上。虽然刚开始时，大宝感到有些失落，但当他意识到大人们还是像从前一样在乎自己时，也就渐渐接受这个事实。而自从老二降生之后，大人们由于不再向一个孩子争宠，所以家庭氛围也逐渐变得和谐起来。

人们都说孩子是婚姻的纽带，同时也是家庭和谐的润滑剂。但正所谓"物以稀为贵"，当家里只有一个孩子时，所有的大人都向一个孩子争宠，当所有的爱都失去理智时，那么这个"纽带"就起不了作用了，这个"润滑剂"也变成"摩擦剂"了。而有两个孩子，这个"纽带"才会变得更紧，这个"润滑剂"也会变得更滑。事实上，一旦有了两个孩子之后，因为有过与老人沟通的经验，在对孩子的教育问题上与老人沟通就相对容易些，和老人的关系也会更加和谐。

"我还能赶上生二胎的末班车！"当听说"全面二孩"政策正式出台后，已经有一个女儿的 70 后小张，就开始戒烟戒酒，开始为要二胎做准备。"我是家里的独生子，而我爱人还有一个姐姐，所以每逢过年的时候，与岳母家相比，我家就显得很冷清了。"小张还认为，自己之所以坚持要二胎，除了提升家里的人气以外，更重要的是考虑到孩子的教育问题。"一个孩子实在太孤单了，这一点我是深有体会的。小时候，虽然父母把所有的爱都给了我，但我还是觉得缺点什么。尤其是当大人们为了教育我的问题而产生争吵时，我更是不知如何是好。可以说，缺少手足之情的孩子，会缺少很多心理体验，比如成就感、挫折感、信任感，更没有安全感。"

其实，独生子女家庭改变的，不仅仅是孩子的教育问题，还有传统的养老模式。

小敏是一家IT公司的白领。三年前，母亲病逝后，父亲就成了独居老人，如今面对空巢老父日益突出的精神赡养、看病陪护等需求，他常常感到力不从心。"出门一把锁，进门一盏灯。"这是让小敏心里最难受的事。

"每次父亲生病需要照顾的时候，我才真正体会到什么叫独木难撑。"小敏沉痛地说。最近，父亲又患上了膀胱癌，需要长期住院检查、做手术。因此小敏则经常需要半夜就到医院去排队挂专家的号，跑前跑后办理住院手续，还要陪同做各种术前检查，手术完毕后，又要照料生活起居。这让身为独生女的小敏饱尝没有兄弟姐妹分忧解难的孤苦。

"不能再让女儿的明天重复我今天的这种情况了，所以我必须再要一个小孩。"小敏最后说出了必须生二胎的理由。

其实，在今天像小敏一样深受独生子女之苦的人还有很多。他们在成长的过程中，虽然小时候集长辈的众多宠爱于一身，而长大后那种缺少手足之情的孤苦，也只有他们能深切体会。

　　"我本人就是独生女，从小就没有兄弟姐妹，遇到什么事也没有一个人可以商量。尤其是最近几年，父母年纪越来越大了，虽然我尽量抽出时间来陪伴老人，但由于没有兄弟姐妹的帮衬，总觉得靠一己之力是远远不够的。"在一家国企供职的张女士，在决定生二胎时，最直接的理由就是给孩子找一个共同成长的伙伴，同时也希望自己到了晚年时，能多个子女陪伴。

　　北京大学人口研究所教授穆光宗更是认为："独生子女家庭本质上就是风险家庭。"穆光宗教授还进一步指出，独生子女在成长的过程中，因为缺少手足之情和竞争意识，所以遇到困难时，往往手足无措，陷入困境。

　　有相关调查结果显示，计划生育实施三十多年来，我国的独生子女人数已经达到1.5 亿多。而在这么多的独生子女中，每 1000 个孩子，长到 25 岁，就有大概 5% 的人会夭折。到 55 岁前，约有 12% 的人会死亡。而独生子女的意外伤亡，不仅是家庭的灾难，也是社会之痛。

　　"每到除夕晚上，看到年轻人高兴地放鞭炮，我和老伴的眼泪就不约而同地往下淌……"家住北京西城区某住宅区的陈阿姨悲痛地说，"儿子已经走了整整 10 年了，当时只有 29 岁，还没有成家。现在，每到过节时，侄子、外甥们要拉我俩去他们家过年。我都推辞了，因为实在不想触景伤怀。如今，我经常'现身说法'告诫他们：要么不生，要生就生两个！"

　　总之，就家庭幸福和家庭发展而言，多项调查均表明，一半以上的父母都表示"想生两个孩子"；而社会研究专家也认为，家里只有一个孩子太少了，三个又太多，两个则刚刚好。那么，你呢？到底想生几个？

家有两孩，父母精神更轻松

很多带过孩子的父母，可能都有这样的体验，那就是太累了。可以说，一个孩子就已经把你折腾得不成样子了，如果再来一个孩子，那还得了？所以，很多原本想要二胎的父母，只要一想起那段暗无天日的日子，就悄悄地打起了退堂鼓："算了吧，太折磨人了！"

然而，只有养过两个孩子的父母才知道，养两个，其实比养一个更轻松。

或许你马上就会说："怎么会呢？仅仅是经济的支出，就已经不轻松了呀！"的确，经济的支出是不容忽略的一个问题，所以我们这里所说的轻松，并不是指经济上的轻松，因为日子要怎么过，每个家庭都有每个家庭的标准。我们这里所说的轻松，指的是精神上的轻松。如果家里只有一个孩子，虽然父母可以给孩子创造优越的物质条件，但我们应该知道，对于孩子的成长来说，他所需要的不仅仅是物质，还有精神上的需求，比如玩耍、同伴等。而要填补这个精神上的空缺，就成了父母的责任。姑且不说父母能否出色地完成这些任务，单就一直背负着这样的任务，父母就无法感觉到轻松了。

如果父母双方都是上班族，那就更无法轻松了，尤其是当你在外地出差时，那种对孩子的担忧是无法排解的。

陈女士在一家外企担任管理人员，因为工作的需要，所以经常到国外出差。有一次，她在美国出差时，大半夜睡得正香，忽然接到刚刚放学的6岁女儿打过来的电话。刚接通电话，女儿就开始向她哭诉说在学校被同学欺负了，女儿一边哭一边说。而原本应该安慰女儿的陈女士，听着女儿委屈的哭诉，突然感到无能为力，顿时一股悲哀涌上心头，也禁不住在电话里号啕大哭起来，甚至哭得比女儿还伤心，好像受到欺负的是她自己，而不是女儿。

只养一个孩子，虽然表面上看起来是轻松了，但实际上，孩子的孤单就是父母的负担。因为你会时刻惦记着孩子一个人会不会感到无聊、寂寞，要不要带他出去玩，上哪里去玩。而且，更多的时候，大人和孩子之间还是有代沟的，尤其是大人的一些活动，孩子根本就不感兴趣，比如聚餐、逛街、购物等。但父母非得拖着孩子一起去，不然让孩子一个人在家，那就太不放心了。但如果家里有两个孩子，那就好办了，尤其是他们玩得正高兴时，你过去问他们："爸爸妈妈要去超市买东西，你们要不要一起去？"他们会这样回答："不去了，我们正在玩呢。"看到了吗？这样一来，不但孩子高兴，父母也轻松多了。

很多独生子女的父母，当初可能是这样想的，总算熬过那段辛苦哺育的日子，这下可以轻松了，以后再也不用这样辛苦了。然而，他们哪里知道呢？接下来他们还要应付孩子的玩乐需求——猜谜、拼图、下棋、骑车、捉虫等。或许你会说，尽量给他多买一些玩具就行了，他会自己玩的，但实际上对于孩子来说，陪伴才是最好的"玩具"。

更为重要的是，很多游戏本来是孩子之间的活动，但由于他没有兄弟姐妹，那就只好由父母来完成了，这样父母不是更累吗？如果父母累得其所也就罢了，关键是即使这样，也未必能够达到应有的效果。

所以，如果家里只有一个孩子，父母是永远也轻松不了的；但如果有两个孩子，大宝就能够带着二宝一起玩，父母就可以适当放手，从此轻松了。

家有两孩，父母能更好地处理 "独子难教" 的难题

三十多年来，计划生育的实行，虽然有效地扼制了我国人口的过快增长，却也造就了一个让人尴尬的名词——独生子女。独生，意味着众星捧月，而众星捧月的结果，又造就了另一个更为难堪的名词——啃老族。

据相关资料显示，我国现在已经拥有超过一亿的独生子女大军。而对于这些独生子女，家长们最大的感受就是"独子难教"。现在我们就来剖析一下独生子女的 8 大特质。

特质 1 独我行为

因为身为家中唯一的孩子，在他的心目中，想当然地认为家里的一切都是他的，容易忽略别人的感受和需要。因此无论在幼儿园、或者兴趣班、游乐场，都会将公共玩具贴上"我拿到就是我的"或者"我想要的抢到手就是我的"标签。这些行为是霸道不讲理的。

特质 2 情绪脆弱

只有一个小孩的家庭，每天面对的都是父母、爷爷奶奶、外公外婆，如果这些家人过分宠爱和包办，代替孩子必要的刺激和学习过程，那么当孩子失去动手的能力，没有可以玩的同伴，缺乏刺激和学习，

将会使其变得胆怯懦弱、害怕困难，不敢面对困难挫折和痛苦。家长的过分保护会造成独生子女性格懦弱。

特质3　早熟心理

很多才华横溢的伟人都具备早熟的心理，但独生子女的早熟是带有"小大人"的感觉。因为没有兄弟姐妹的互动，没有同样"幼稚"特质的对照者，只能跟成熟的大人打交道。孩子的模仿学习能力都很强，因此父母相处的方式和说话的内容就成为独生子女对待他人说话的方式和内容，甚至不是小小年纪就该理解的事，内心也非常的清楚。

特质4　脾气喜怒无常

独生子女备受呵护，父母通常也不忍心让独生子女受气或者遭遇挫折。比较聪明的孩子知道只要大哭大闹，就会得到自己想要的东西。这样的情况在三代同堂的大家庭常常上演，爷爷奶奶不忍心让自己唯一的孙子孙女受到丁点的委屈，所以对于该坚守的原则就会选择放弃妥协。长此以往，孩子渐渐面临入学或者与同龄孩子相处时，脾气就会很难控制得宜。

特质5　"大人化"用语

独生子女因为接触的都是大人，常学习和模仿大人的说话和语调，看起来会比一般的孩子懂事。但有些话其实不适合从孩子口中说出。因为他尚未成熟到了解每一词的意思，会脱口就讲。有些家长还认为好玩有趣而哈哈大笑，孩子看到这样说话会引起大人的开心，就会一说再说。

特质6　神经质性格

家里只有一个孩子，孩子的个性一般较为主观固执，认为凡事都要顺从他的意思；若不合他意，就要吵闹不休，感觉只要情绪不稳定就会借机

发泄。大多数的独生子女都有这样的特质，会故意在父母面前吵得不可开交，看似天不怕地不怕，但只要父母采取"离开，不理你"的方式，孩子又会立刻懦弱和害怕。

特质7 过于柔弱

因为父母凡事代劳，事无巨细地为孩子打理日常琐事，造成了孩子"公主""王子"的娇气，这些娇气的表现就是行为上的撒娇、耍赖、软弱无能。虽然把自己的孩子当成宝本来就是天经地义的，但独生子女的父母因为只有一个孩子，会比两个以上孩子的父母更易出现过度保护和凡事包办的现象，容易宠坏孩子。

特质8 个性孤僻

没有兄弟姐妹的陪伴，加上对社会治安的担忧，爸爸妈妈通常就会把孩子关在家里。整天关在家里，孩子会产生孤寂感。陪伴孩子的是不会说话的玩具和电视，孩子很少有与人互动的机会，长此以往孩子就会失去语言和对话的刺激。因此，独生子女若没有爸妈常常互动，语言的发展相对迟缓。

但实际上，娇气、任性、自私、暴躁、神经质等这些不良的独生子女特质，并不是独生子女的专利，也不是从娘胎里带来，更不是学校或者社会教给他们的，而是我们的家庭教育出了问题。很多为人父母者所做的一切也都是为了孩子。家里经济条件比较好的，父母就不断地给孩子买这买那，恨不得把天上的月亮也摘下来给自己的孩子。而家庭经济不太好的，父母则拼了命也要与别人互相攀比，如果别人家的孩子有了电子琴，就马上给自己的孩子买来钢琴；如果别人的孩子请了家教，就马上给自己的孩子报各种特长班。总之，父母的一腔慈爱，全都倾注在孩子的身上，真可谓是用心良苦。

　　姜伟是一位私营企业的老板。近几年来，他的生意做得不错，也赚了不少钱。姜伟认为，自己所赚的每一分钱，都是为了孩子。事实也确实如此，为了能够让孩子成才，姜伟除了平时正常的工作应酬之外，便将一番心血都倾注在孩子的身上。在孩子只有两岁的时候，姜伟就给他购买了各种高档玩具；等到孩子要上幼儿园时，又给孩子报全市最贵的幼儿园；孩子还不到 5 岁，就为他聘请了家庭教师，而且还购买了高档的电子琴、钢琴等；6 岁时就把孩子送到当地最有名的贵族学校学习。

　　然而，孩子刚进入贵族学校不久，就嚷着让家里的保姆也住到学校去，以便随时照顾他。这时姜伟才醒悟过来，原来自己所做的一切，不但没有让孩子越来越优秀，越来越懂事，反而使孩子越来越娇纵，越来越依赖。于是，他这才想起该对孩子进行教育了，但为时已晚，孩子根本不听他那一套，他这才真正地体会到什么叫"独子难教"。

　　与姜伟不同的是，刘同则认为，抓好孩子的学习就是合格的家长。因此，从孩子上小学的那天起，他就开始为孩子规划好学习的蓝图，并不断地关注当前最热门、最吃香的专业。为了能够让孩子考个好成绩，他为孩子购买了各种教辅书、参考书、习题集等。刘同经常说的一句话就是："我们是没有什么指望了，就看孩子的了。"于是，什么钢琴班、英语班、电脑班、特长班等，全都给孩子报上名，让孩子都去学一遍。孩子刚刚放学，就马不停蹄地去上钢琴班，好容易盼到星期天，又要去学电脑；等电脑班一结束，又转到英语班。结果，没过多长时间，孩子累得筋疲力尽，出现了严重的神经衰弱症状，无法继续学习，只好休学回家。

　　从上述的两个案例中，我们不难看出，这两位家长在教育孩子的过程中，都走向了极端。姜伟是什么都想给予孩子最好的，而刘同则什么都想让孩子做到最好，结果却都让他们失望。而如果他们有两个孩子，有限的空余时间就会被两个孩子分散开来，父母也就不会只盯着一个孩子，给予孩子非常苛刻的教育环境，让孩子随时上各种辅导班，带给孩子承受不了的重担和压力。家有两个孩子的父母就会不自觉地放慢自己的脚步，给孩子一个相对自由的成长空间。另外生育了二胎的家庭，父母有过对大宝的教育经验，也掌握了一定的教育方法，在对二宝进行教育时，就会少走很多弯路。

研究表明，在儿童成长的过程中所需要的不只是"纵向的亲子关系"，也需要"横向的手足关系"。因此家有二宝的家庭，孩子就会在相处的过程中，逐渐知道霸道的行为是不对的，"不分享"会影响手足之情，就会慢慢学会共享和分享。家里又多了一个二宝，也就多了一个"幼稚"特质的对照者，让孩子有机会接触到跟自己"等级相当"的人，对心智的发展也有帮助。我们的孩子保持应有的"纯真感"，可以有效地避免孩子过于成熟化；家里多了一个二宝，家人就不会独宠一个孩子；孩子们也会遇到受气或者遭遇挫折，慢慢地学会与人相处之道，知道任性哭闹必须要有一个限度，学着控制自己的脾气；家里多了一个孩子，就会使孩子多了与同龄孩子接触的机会，可以帮助孩子开放幼小的心灵，并获得全面的发展。

家有两孩，孩子的成长环境更好

　　家里有了两个孩子以后，"4-2-1"的家庭格局一下子就完全被打破了，以一个孩子为中心的局面将不复存在。当然了，对于大宝来说，显然很不愿意看到这个局面，因为从此以后，他在家里就不能再以自我为中心了。但是，如果从长远的规划来看，从孩子成长的环境来看，这个局面是很合理的。

　　我们都知道，只要家里有了两个孩子，大人就要比之前忙碌很多，这也就意味大人们不会再整天围着一个孩子转，也不可能什么事都帮着孩子去做，甚至还需要孩子去帮忙。这样一来，孩子自然就会在无形中逐渐认清自己的地位，并在帮助大人的过程中，学会自我管理、与人相处、抗挫折等相关的能力，并使各方面的品质得到全面的提升。

静怡家的大宝正处在叛逆期，所以平常没事经常跟父母对着干，这让静怡很恼火。幸好有了二宝之后，静怡不再整天关注着大宝，开始把精力逐渐转移到老二身上。大宝的"厌烦"和二宝的"可爱"，终于让静怡找到了平衡，也使自己的情绪得到了有利的疏导。"如果没有老二需要我照顾，需要分散我的一些精力，我就只好整天盯着大宝，而大宝又故意跟我对着干，这样一来，估计我早就疯了。"静怡很庆幸自己有了老二，使自己的心灵得到了解脱。而自从有了老二之后，原本正处于叛逆期的大宝，也开始出现了明显的变化，变得比以前更"乖"了。为了再次引起父母的关注，大宝在家里开始自觉地学习起来，比如背英语单词、练琴等。这样一来，又在无形中对老二起到一个很好的表率作用。

我们都知道，环境对孩子的成长是十分重要的，而在孩子成长的整个过程中，家庭对孩子的影响最为明显。现在的很多孩子都喜欢以自我为中心，一旦走向社会就无法与人相处。其中一个很重要的原因，就是孩子从小独惯了，凡事只为自己考虑，不懂得替别人着想。所以，要想给孩子一个更好的成长环境，首先要从家庭做起；而要改变家庭的环境，首先要改变的就是家庭的格局，也就是给孩子一个兄弟姐妹。

那么，家有两孩，究竟会给孩子带来哪些更好的成长环境呢？

★ 孩子更健全地成长

这几十年来，已经让我们看到这样一个现象，那就是很多独生子女家庭的孩子比较娇生惯养，可以说一直生活在衣来伸手、饭来张口的环境之中。而父母对孩子的溺爱，更是达到无以复加的地步，所以使孩子养成了专横跋扈的性格。这些孩子从小就不知道什么叫竞争，也没有正确的是非观念，总是认为"我需要的才是对的，我不需

要的就是错的"，很容易走极端。

但是，如果有两个孩子，那情况就完全不一样了。虽然刚开始的时候，两个孩子会有碰撞，也会有争吵，甚至会打架，但这实际上这些正是孩子成长的过程中所应该面对的问题。因为这样一来，孩子自然就会渐渐弄明白这样一个道理，那就是"我需要的别人也同样需要，我不想要的别人也同样不想要"，并开始学会合作与谦让，而这一点正是独生子女很难学会的。同时，两个孩子在相互交流的过程中，还会产生更多的生活乐趣，并在无形中培养了他们的创造能力。所以，两个孩子一起成长，对于他们的健全发展是十分有利的。

⭐ 让孩子接受更多的挑战

大多数的独生子女除了自私，不懂得谦让之外，还有一个很大的特点，那就是胆小怕事。因为独生子女们从小就在爷爷奶奶、姥爷姥姥的呵护下长大，而这些长辈们又往往将唯一的一个孩子当成"小祖宗"。这样一来，孩子俨然就是一个"小皇帝"，这其实和古时候养在深宫中，由太监和宫女带大的"小皇帝"并没有什么差别。而历史的经验也早就告诉我们，那些"小皇帝"们长大以后，大都没有什么进取精神，一遇到困难就打退堂鼓。而他们的父辈，尤其是那些开国的皇帝们，就完全不一样了，虽然有的谈不上智通双全，但至少在困难和挑战面前，他们从来没有退缩过，因为他们都是在竞争、挫折，甚至是在磨难中成长起来的。

今天，我们在培养孩子的时候，也面临同样的道理。如果只有一个孩子，那么你和长辈们往往就会把所有的爱都给予这个唯一的孩子，结果往往就会使他成为一个"小皇帝"；而如果有两个孩子，孩子会因此面临更多的挑战而更加进取，会越来越优秀，越来越出色。

⭐ 让孩子拥有正确的人生观和价值观

谦让、理解、包容、诚信、奉献等这些高贵的品质，是我们做人的准则，同时也是拥有正确的人生观和价值观的前提，可以说是我们人类长久不衰的主要精神支柱。然而，这些高贵品质正在随着独生子女越来越多，而显得越来越缺乏。一部分独生子女从小一个人长大，所有的长辈们都让着他们，宠着他们，不让他们受一点委屈，结果导致他们形成了我行我素的思想，以及目中无人的价值观，根本不知道什么叫谦让、理解、包容等，这是十分令人担忧的。但是，如果他们有兄弟姐妹，这些问题就可以得到很好的解决，至少能够很好地保持平衡，不至于让孩子的心性因为长辈的溺爱而变态，从而让孩子拥有正确的人生观和价值观。

当然，孩子成长的环境，包含了太多的因素，并不是独生子女家庭和多子女家庭的区别那么简单，但至少这是其中一个很重要的因素，对孩子的成长将产生深远的影响。

家有两孩，大宝会更自由

"全面二孩"政策的开放，使一些符合条件的家庭在生或者不生二胎之间摇摆不定。这里面除了考虑到经济的原因，还有一个让很多父母左右为难的因素，那就是可能会因此让大宝受到委屈。但实际上，并不是所有的孩子都像我们所认为的那样，一定会反对父母给自己一个弟弟或妹妹。比如，今年已经12岁的阿文，对于父母生二胎这件事，就颇有主见。

对于父母再生一个弟弟或妹妹，我的很多同龄人会持反对的态度，觉得本来一个人好好的，大人都争着宠自己，结果再来一个弟弟妹妹，分走原本只属于自己全部的爱，这是很难让人接受的。但是，在我的心里，却很希望父母能够给我生一个弟弟妹妹。

我马上就要上初中了。在父母的眼里，我是一个听话的孩子；在学校老师的眼里，我是一个很优秀的学生。我的家庭条件也很优越，可以说从各方面来看都很好，但我最羡慕的，还是那些家里有兄弟姐妹的同学。那些同学的家庭条件可能并不是很好，白天上课，放学回家后还要帮父母干活，或者帮忙照看弟弟妹妹。有时候聊天时，他们也会抱怨："家里有了弟弟妹妹真烦，只要我一回家，他就像个小尾巴似的，我到哪儿他也跟到哪儿，而且还要照顾他，根本就没有时间出去玩。"这个时候，我心里就暗暗地说："我也很想有个这样的小尾巴，整天缠着我，我去哪儿他也跟着。"

为什么我会这样想呢？还是先说说我的家庭情况吧。我爸爸自己开一家公司，妈妈在一家外企工作，他们都很忙碌。从我记事起，除了逢年过节以外，他们俩同时跟我坐在一个饭桌上吃饭的次数实在是少之又少。而平常陪伴我的，除了奶奶以外，就是保姆，所以我很希望家里有个弟弟妹妹，这样家里才不会那么冷清。

如今，国家开放了"全面二孩"政策，于是要不要生二胎便一下子成为大人们讨论的热门话题。而我也开始忍不住设想，如果我的父母也给我生一个妹妹，那就太好了。以后，等妹妹会走动时，我一定带她出去玩，让那些同学们也因为我有个活泼可爱的妹妹而羡慕我；随着妹妹的不断长大，她也会给我带来很多意想不到的欢笑。

由于我是独生子，父母在社会上又都很成功，所以他们对我的期望也特别高。虽然父母平常都很忙碌，但只要一有空，他们就对我检查这检查那，还动不动就给我安排各种培训班，比如夏令营、特长班等。可以说从我开始记事的时候，我的生活就是在他们的安排中度过的。我很理解他们，毕竟我是他们唯一的孩子，他们把一切希望都寄托在我身上，但他们却不知道，这种无形的压力压得我简直喘不过气来。

如果我有一个妹妹的话，父母就不会整天只盯着我，非要把我培养成他们所认为

的精英了。这样一来，我就会拥有更多的空间和自由，做自己真正喜欢的事。我出去旅游的时候，可以纯粹是为了游玩，而不是回来后还要回答父母都增长了哪些见识；我可以学习几门外语，但也只是为了能够更方便地与别人交流；或者只是为了我喜欢的某个明星，而不是为了日后成为所谓的精英。

更为重要的是，以后我长大离开父母，走向社会后，父母的年纪也就大了，他们难免会觉得孤独。这个时候，如果家里能有个妹妹陪伴在他们身边，他们就不会觉得那么孤单，也算是替我尽孝了。

既然好处这么多，我真的希望父母能够响应国家的这个二胎政策，赶

紧给我生个小妹妹！如果他们没有这个打算，我就自己去跟妈妈好好谈谈这件事，而且我相信我一定能够说动她。

从阿文的这番表白中，我们不难看出，父母们对独生子女的关注度是非常高的。但实际上，孩子并不需要这么多的关注，更不需要父母寄予他们过高的期望，因为太多的关注和过高的期望，对孩子来说反倒会形成一种无形的压力，压得他们喘不过气来，而且这种压力会一直存在下去。但是，如果家里有两个孩子，那情况就会不同了，父母们会把更多的精力投入到老二身上，这种看似对大宝的冷落，反而会使大宝获得更多的自由，使二宝拥有更多的空间。

所以，当你决定生二胎的时候，千万不要觉得自己对不起大宝，因为老二的出生，会使大宝获得更多的自由，也会使他拥有更多自主发展的机会。

家有两孩，孩子一起成长会更快乐

2013 年，一档电视节目《爸爸去哪儿》让五个家庭的孩子火了起来，其中田亮的女儿 Cindy（田雨橙）以甜美的外形和汉子般的内心，收获了大量的"粉丝"。

而在这之前，Cindy 的妈妈叶一茜在参加青海卫视大型宝贝成长见证秀《老爸老妈看我的》的节目时，亲眼目睹了一对来自湖南凤凰的兄妹林子杰和林敏琪的成长故事。由于爸爸常年在外打工，兄妹俩便与妈妈相依为命，5 岁的林子杰作为家中唯一的男孩子，非常懂事能干，一直以来都是妈妈身边得力的小帮手。这一次，

子杰的任务是带着妹妹到一公里以外的江边洗衣服，然后再原路返回家中。兄妹俩在完成任务的过程中互相帮助的情景，以及各种温暖的小细节，让人看了十分感动。

看完这对兄妹的成长故事后，叶一茜也爆料了 Cindy 成长的小故事："很久之前，有一次 Cindy 独自一人坐在房间的窗前，看着窗外发呆，然后自己跟自己对话。有时还自己跟自己玩过家家，分饰不同的角色和自己对话。"这一幕曾让叶一茜感觉无比心酸，觉得让女儿一个人成长太孤单了。为了 Cindy 能更加快乐地成长，叶一茜最终决定再生一个孩子。

而 Cindy 自从有了弟弟之后，也非常高兴，不时地逗弟弟玩。每每这时，Cindy 的脸上便会露出开心的笑容。

对于是否要二胎这件事，很多人可能还在纠结之中。毕竟在普通的家庭中，不可能像明星们一样，想生就生，而是需要考虑很多因素，比如家庭条件、经济能力等。还有一个习惯的问题，因为很多父母已经习惯了把所有的爱投入到一个孩子的身上，不想再分割一部分给二宝。但是，当你看到两个孩子一起玩游戏、一起观察蚂蚁、一起拼乐高、一起看书时，你就会发现这样的感觉真的很好。

那么，对于要二宝，大宝的心里到底是什么想法呢？

大宝独白一：在我还很小的时候，我也跟其他的宝宝一样，早上起床要妈妈，晚上睡觉也要妈妈，好像除了妈妈以外，世界上所有的东西都不重要，只要爸爸妈妈能够陪在我身边就好。然而，随着我慢慢长大，心里便开始产生了一个想法，而且越来越强烈，那就是希望父母能够再给我生一个弟弟或妹妹，因为我经常觉得很寂寞。爸爸妈妈的一些活动，比如逛街、买东西、看电影等，我一点兴趣都没有，我只希望有个年纪和我差不多的弟弟或妹妹跟我一起玩就行。

大宝独白二：爸爸妈妈给了我一个很好的成长环境，但当我需要和我年纪差不多大的同伴和我一起时，他们却做不到。

很多时候，他们都不能陪我玩家家酒，不能陪着我跑来跑去、玩鬼捉人，不能陪我玩大富翁、陆军棋、跳棋、西洋棋，不能陪我玩水枪射人、倒地装死，不能陪我玩得客厅一团乱，也不能陪我一起跳房子。更多的时候，他们只是歇斯底里地喊"收玩具"，真是让人扫兴！

下面，我们再来看看一位二胎妈妈与大家分享的育儿经历吧！

我在没有当妈妈之前，就一直觉得，一个孩子太孤单了，三个又太多了，两个则刚刚好。这是我多年前的想法，虽然现在想来，那时候的想法多少有些天真。毕竟在没有当妈妈之前，在没有亲自养育子女之前，根本不知道养育孩子是如此的辛苦。

现在，我已经是两个孩子的妈妈了，亲身体验到了日夜为孩子操劳的艰辛，也终于知道养育两个孩子也并不是那么简单的事情。这其中有许许多多的幸福与欢乐，也有着数不尽的苦恼和忧愁。尽管如此，我还是觉得自己很幸运，而且很幸福！

我的两个宝宝还算比较乖巧，而且也很喜欢玩。在家里时，只要有他们在，就热闹得很，他们会一起玩玩具、做游戏，还一起随着音乐跳舞，互相追逐。

现在两个宝宝已经习惯在一起玩了，每当姐姐要去幼儿园时，弟弟就嚷着要跟姐姐一起去；而姐姐放学回家时，首先要做的就是马上找到弟弟。

每当看到姐弟俩亲密无间的样子，我的心便是满满的幸福。

其实，生二胎除了可以让孩子不感到孤单之外，对孩子成长的好处非常明显，至少可以让孩子产生更多的生活乐趣和创造能力，而且还可以使孩子从小就学到分享、包容、奉献等品质，既有利于提高孩子的交际能力，又有利于促进孩子的健全发展。

有一项社会调查结果显示：几乎所有的孩子都喜欢有同伴与自己一起玩耍；但有 46.7% 的孩子却缺乏玩伴，经常一个人玩；而在平时，也只有 9.7% 的家长经常和孩子玩，即使是节假日，也只有 15.6% 的家长能陪孩子玩，有近 50% 的孩子找不到玩伴。而这种"伙伴危机"的出现，将会对孩子的健康成长产生不良的影响。

实际上，对于独生子女来说，家长再多的陪伴，也无法弥补孩子同龄人玩伴的缺失。而让孩子拥有兄弟姐妹可以弥补这个缺失，可以让我们的孩子更快乐地成长。

PART 3

父母要学会放下困惑

　　三十多年来，最让父母们感到困惑的一个问题，就是在家里只有一个孩子的情况下，该怎样对孩子进行教育。今天，很多的父母又面临着新的困惑，那就是在家里有两个孩子的情况下，该怎样去面对他们。更为关键的是，这些新的困惑并不是你不想面对，它就不存在，比如愧疚、均等、比较、紧张等。这些新的困惑会随着小宝的到来而悄悄地埋藏在你的心里，而且会时不时地钻出来干扰你，使你失去理性。所以，这些困惑是需要你去面对，并学会放下的。因为只有放下这些困惑，我们才能够清除掉那些对自己和孩子都不利的想法和情绪，才能以一种健康、成熟的心态去教育好孩子。

放下对大宝的愧疚心理

一位网名为"爱儿乐"的妈妈最近成功怀上二胎，但在高兴的同时，她也有自己深深的烦恼："自从怀了二宝之后，我就有一种愧疚的心理，总觉得对不起大宝。因为我觉得等二宝出生之后，肯定会把一部分的爱分给二宝，而对于大宝，我就不能像原来那样，照顾得那么周到了，我想到那时他一定会很失落的。大宝现在才3岁半，特别可爱，想到他以后失落的样子，我的心情就变得很沉重。不知道有生二胎经验的妈妈当时的心理是怎么样的呢？"

这位妈妈将这份帖子发布到论坛上之后，立刻引起了妈妈的讨论，很多怀有二宝的妈妈也是深有同感。

其中，一位网名为"欣儿"的妈妈在跟贴中这样写道："自从怀上二宝后，因为身体原因，陪大宝的时间就少了，所以觉得很对不起他。以前每到暑假，我都会带着他出去旅游。今年暑假时，我怀二宝已经有7个月了，行动极为不便，但为了不让大宝有太大的失落感，我坚持独自带他出去旅游。尤其是最近，我已经不能弯下腰了，以致每天帮孩子洗澡时只能跪在地上。然而，与心理上的负担相比，身体上的疲惫根本不算什么。"

"爱儿乐"和"欣儿"这两位妈妈的心理状态，并非是二胎妈妈中个别的案例，而是普遍存在的一种现象。我们在调查中发现，很大一部分二胎妈妈会在怀上小宝时，因为对大宝怀有一种愧疚的心理，这些妈妈几乎都会把重心放在大宝身上，甚至顾不上照顾自己。

　　此外，还有一个普遍的现象，就是小宝出生时，正是大宝上幼儿园或小学的时候，所以很多妈妈都顾着关心大宝在幼儿园或学校里的表现，往往忽视了小宝。对此，一位姓林的二胎妈妈也说出了自己的担忧与无奈："自从二宝出生之后，对于两个孩子的教育问题，就一直困扰着我，而且每当遇到二宝的教育问题时，能在一起讨论的朋友基本上没有。就算和一些二胎的妈妈在一起聊时，大多时候也只会聊一些诸如'你家大宝最近学了什么'、'孩子在学校成绩怎么样'等无关紧要的话题，很少涉及应该怎么处理二宝的关系。"

的确，由于很多妈妈已经习惯了只有一个孩子，习惯了把自己百分之百的爱给予自己唯一的孩子，而现在一旦有了两个孩子时，妈妈一下子就不知所措了。尤其是小宝的到来，让这些妈妈们认为自己将不能像以前一样只陪着大宝，心里只想着他；更让他们担心的是，这样会使大宝的幸福生活大打折扣。

但是，就像有所得必有所失一样，有所失也必有所得，得与失本来就是永远并存的。实际上，当大宝失去了父母一部分关注时，他也获得了更多的自由空间和主动探索的机会；当他不能再独享房间、玩具、零食的时候，他同时也学会了妥协和分享；当他需要通过争取才能获得父母的陪伴时，他同时也走出了以自我为中心的误区；当他为了与小宝争夺父母之爱而吵架时，他同时也在吵架的过程中提高了处理问题的能力。

更为重要的是，小宝的到来，虽然使他不再像以前那样，得到父母那么多的关爱，但与此同时，他却获得了弥足珍贵的手足之情，在他成长的路上，又多了一个亲密的陪伴者。而当他在不断的实践中，懂得只有付出才有收获时，明白给予比接受更幸福时，他将会更加珍惜自己的所有，而且也会更懂得感恩。

所以，对于家有二宝的父母们，请放下对大宝的愧疚心理吧，不要纠缠于这种毫无必要的愧疚，以及由此而来的补偿心理。只要好好陪着大宝，爱着大宝，和他一起去面对生活的变化，就是对他最好的呵护。

不要事事追求"均等"

一位署名为"小鱼儿"的妈妈在向某育儿咨询机构求助时，这样写道："我是在多孩子家庭中长大的，在兄弟姐妹中排行老三。小时候总觉得妈妈偏心哥哥，还为这事儿流了不少眼泪。现在自己也当妈妈了，而且还是两个孩子的妈妈，于是就不断提醒自己，对孩子一定要一碗水端平。平时出去玩的时候，都带着两个宝宝一起去；给一个孩子买东西时，也要给另一个孩子买一份。本来以为自己这样周到的考虑一定会让孩子都满意，但事实却并不是这样，孩子偶尔还是会抱怨我不够公平。渐渐地，我也觉得这样做实在太累了，毕竟哥哥能玩的项目和妹妹能玩的项目不一样，顺了哥哥的心意就觉得对不住妹妹，顺了妹妹的心意又怕哥哥不开心。现在才发现，原来为人父母者竟是如此之难啊！请告诉我，到底要怎样做，才能让孩子觉得父母很公平，而父母也不累呢？"

这位叫"小鱼儿"的妈妈，之所以在养育孩子的过程中，费力不讨好，就是因为她陷入了"均等"的误区，认为只要凡事做到均等，就是公平。但实际上，所谓的公平，并不是绝对的"均等"，而应该是动态的，根据实际情况来分配的。比如，在分面包时，如果你给5岁的孩子分3片，给2岁的孩子2片，那就是均等的，因为这正好与他们的胃口相当。再比如，两个孩子都摔倒了，你对大宝说："快站起来，把身上的土拍掉。"而立刻抱起还不会走路的小宝，虽然处理方式不同，但对他们来说也是公平的。所以，真正的公平，应该是根据孩子的年龄，建立在孩子的能力、喜好和接受程度的基础之上，而不是事事追求均等，只要就事论事、因势利导地处理问题就可以了。

此外，对于年龄相差只有三四岁的孩子，有时候带给父母的，不仅仅是他们彼此打闹的烦恼。尤其是当大宝到了要去承受压力和责任的时候，他会本能地退缩，因为大宝从心底里并不愿意长大，而是希望能够像小时候那样，无忧无虑地玩耍。这个时候，如果大宝又正好看到比自己小一点的弟弟妹妹正在享受他所留恋的那种生活，此时心里便感到不平衡了。

晓晓自从上了二年级之后，功课逐渐多起来，学习压力也开始越来越大，这使得她自由玩乐的时间渐渐少了起来。每天晚上，晓晓做作业或者弹琴的时候，妈妈都会陪在旁边，一边教导，一边督促。

　　而这个时候，刚上幼儿园的弟弟却一个人在玩搭积木、剪纸。可能是一个人玩觉得太无聊，也可能是需要有点共鸣，弟弟就悄悄来到姐姐的房间门口。虽然妈妈已经跟他说过，不可以进去打扰姐姐学习，但他却想去找妈妈说几句话："妈妈，你看我这个搭得好不好？""妈妈，我可不可以进来呀？"

　　……

　　这时，妈妈一般就会巧妙地支开弟弟，如果实在被缠得没办法，就只好放迪士尼的动画片给他看。但这样一来，本来正在刻苦用功的晓晓，心里开始不平衡起来："为什么弟弟能看，我却不能看？"

　　这下妈妈可犯难了，好在爸爸反应快，马上说："你当然也可以看啦，但你得先把作业写完，等你把功课都完成了，就可以看了。"

　　不过，事后证明，晓晓的自制力还是挺好的，只是有时累了，又看到弟弟那么自由，心理上一时难以接受罢了。其实，晓晓心里也很明白，自己晚上必须做作业、复

习功课，而弟弟可以看动画片，这恰恰就是公平。

即使这样，晓晓的父母平时在家里时，也非常注意克制自己，比如只要孩子做作业，就从来不看电视，也不玩手机、电脑，而是选择阅读。这样一来，晓晓虽然觉得自己的功课很辛苦，但看到父母都在看书，心理也就平衡了。

其实，所谓的平衡都是相对的，因为每个人都有自己的职责和任务。比如，这个案例中的晓晓，她的主要任务就是学习，而要让她安心学习，不受到弟弟的干扰，就必须给弟弟找事做。如果仅仅是为了平衡，而逼迫弟弟也坐在她旁边，跟她一起做功课，那反倒不公平了。

事实上，兄弟姐妹之间的相处，以及相处过程中所发生的问题和矛盾，并不是公平就能够解决得了的。为什么呢？因为兄弟姐妹是要讲感情的，而感情又怎么能用公平来衡量呢？这一点，古人其实已经告诉我们了，而且也做出了很好的表率。

五代十国的时候，有一个叫张士选的孩子，在他还很小的时候父母就相继去世了，他是由叔父养大的。他的叔父还有7个儿子。而他祖父遗留下来的家产，因为他年纪小还没有分。

等到张士选长到17岁的时候，叔父见他已经长大成人，就把他叫到跟前，对他说："现在你已经长大了，所以我们把你祖父遗留下来的家产给分了吧。我把这些家产分为两份，你我各拿一份，你觉得怎么样？"张士选听了，便恭敬地回答道："叔父生有7个兄弟，加上我，一共是8个，所以还是应该把家产分成8份吧，这样才合理。"叔父听了，觉得这样做对张士选不公平，不肯答应这样做。但张士选还是坚持要这样分。最后，叔父只好把家产分为8份，张士选拿了1份，其余7份则分给7个堂兄弟。

这个故事，不但我们大人可以学习，而且也可以讲给孩子听。因为这个故事给了我们一种超越公平的力量，这种力量就是亲人之间的感情。

有一首歌名叫《施比受幸福》，其中有几句歌词是这样写的："付出就是一种幸福，用爱走出人生的路，关怀身边每一个人，今后回顾这一生，我不枉费此生……"是的，只要有了爱，施予就是一种幸福；只要有了感情，就不会在乎公平不公平。所以，与其一味追求均等，不如让孩子学会相亲相爱。当孩子学会关爱身边的每一个人时，他就会发现，所有的幸福，都不是公平能够衡量得了的。

大宝就应该更懂事吗？

小宝宝刚刚出生时，显得那样的弱小，那样的让人怜惜，而且什么事都不懂，什么都需要人照顾。这其实是很正常的事，可以说每个人都要经历这个阶段，包括我们这些长大的大人，在刚出生的时候，也同样的弱小和无助。

然而，小宝宝的弱小、无助和不懂事，却无意中成为一个参照的对象。由于有了这样一个不懂事的小宝宝作为对比，很多妈妈便容易产生一种错误的感觉：二宝是小孩子，所以不懂事，但大宝是大孩子，所以应该懂得更多的道理。妈妈们便会对大宝产生过高的期待，同时要求更高，而对二宝则要宽容许多。这样一来，大宝便会觉得妈妈对弟弟妹妹偏心，开始对弟弟妹妹产生怨恨之心。如果大宝因为没有达到要求而被批评，他会认为：我已经做得很好了，但妈妈之所以骂我，就是妹妹给惹的。

于是，在大宝的心里，至少有两种感觉被加强了：第一，就是因为妹妹，我才经常挨骂；第二，我就是一个坏男孩，一个坏哥哥。而这两种感觉一旦产生，并得到加强之后，对于他和弟弟妹妹感情的培养是极为不利的。要知道，一个对别人心怀怨恨，而又自我感觉很差的人，是无法与别人相亲相爱的，甚至是无法和睦相处的。

陈先生自从有了女儿之后，对儿子的要求在无形中就有了提高，因为他觉得女儿出生之后，儿子就再也不是小孩子了。平时儿子在家的时候，陈先生就不断地吩咐儿子做这个做那个，而且一旦觉得儿子做得不好，张口就批评："你看看你，都这么大的人了，连这点事也做不好，也不怕妹妹笑话你。"由于儿子性格比较内向、腼腆，所以平常有客人来的时候，都会害羞地躲在一边，这时陈先生又批评道："还不快过来问叔叔阿姨好，你怎么这么不懂事呀？你这哥哥是怎么当的？你这样以后还怎么给妹妹做榜样？"

陈先生原本觉得儿子在自己严厉的教育之下，一定会变得更懂事，没有想到儿子变得更加内向了，而且越来越不喜欢说话，还动不动就乱发脾气。

有一天，儿子放学进家门时，陈先生正在陪女儿玩。女儿看到哥哥回来后，便高兴地跑到哥哥身边，嗲声嗲气地说："哥哥，你终于回来了，我好想你啊！"然而，没想到的是，哥哥却恶狠狠地对妹妹说："滚蛋，别来烦我。"

站在一旁的陈先生顿时愣住了，不过他很快就回过神来，首先想到的是儿子可能在学校发生了不开心的事，但很快又排除了。因为他刚进门的时候，并没有什么不正常的地方，就算是在学校遇到什么不开心的事，也不至于发那么大的火。于是，陈先生便断定，儿子一定是因为看到"爸爸又在跟妹妹玩，而且还那么高兴"，这才使他的怨气瞬间爆发出来。

如果是从前，陈先生可能又会本能地斥责道："你怎么那么不懂事？妹妹向你示好，你还对她这么凶。"但是，如果这样说的话，无疑是火上添油，让哥哥对妹妹更加怨恨，哥哥的自我感觉就会变差。

幸好陈先生意识到儿子的火气来自哪里并迅速让自己冷静下来，随之马上进入一种比较"夸张"的游戏。陈先生先是假扮成女儿的小影子，很委屈地对儿子说："哥哥，你好凶哦？我都想了你一天了，所以看到你，就想抱抱你！"

紧接着，陈先生又开玩笑似地说："你这样对我，让我好伤心啊！我猜，你肯定又要来打我的头了。"儿子听了陈先生的这些话，先是愣一下，因为他实在没想到爸爸会是这种反应，于是很快就乐了，接着真的打了一下妹妹的头，但在接触的一刹那，他的手却变得很轻。

　　玩了这么一场游戏之后，大家都非常开心，原来那些坏情绪也早就烟消云散了。从此之后，哥哥和妹妹之间也建立起了深厚的感情，彼此相亲相爱。更为重要的是，作为大宝的哥哥，也不再觉得爸爸因为妹妹而不爱他了。

　　这个案例中的陈先生，原本也和其他的父母一样，想当然地认为作为大宝的大宝，理应更懂事，更懂得体谅父母，甚至应该帮父母照顾好弟弟妹妹。父母对大宝产生了过高的期待，却忽略了大宝也还是个孩子，同样也需要父母的关心与呵护。好在陈先生在关键的时刻突然醒悟过来，自导自演了一场游戏，不但化解了原本尴尬的气氛，同时也化解了大宝心中的不满情绪，使兄妹俩能够乐在其中，并从此建立起深厚的感情。

　　所以，对于大宝，我们还是以孩子的标准去要求他吧，因为他也只是孩子，他没有义务比二宝更懂事。而作为父母，对于孩子的成长和心智的发展，也不应该操之过急，要知道欲速则不达。还是慢慢来吧，请相信一切都来得及！

不必让大宝事事让着小宝

平时，当我们的朋友因与别人发生矛盾、争吵而受到委屈时，我们都会对其进行安慰，而在安慰朋友时，我们经常说的一句话就是"大人不计小人过"。而朋友呢，当他意识到自己是"大人"，而跟自己争吵的那个人是"小人"时，也就释怀了，毕竟大人就应该有大量，没有必要去跟那些"小人"斤斤计较。但这样一来，我们的潜意识里逐渐形成这样一种思维定势，那就是当两个人发生矛盾时，大的一定要让小的。这种思维到底有没有问题呢？我们不妨先来看看下面的这则笑话。

一个小男孩放学回家后，妈妈看到他的左眼圈又黑又肿，就急忙问道："你的左眼怎么了？"小男孩回答说："我和同桌打架了，我的眼睛是被他打成这样的。"妈妈听后就说："打架是坏孩子才会做的事情，以后不准再打架了。而且既然你比你的同桌大几个月，那么你就是大哥，你得让着他。这样吧，明天你带一块蛋糕去给你的同桌，并向他道歉。"

第二天，小男孩按照妈妈的吩咐，带了一大块蛋糕去给同桌，并对他说："我妈妈说了，打架是不对的，所以她让我向你道歉，并送给你一块蛋糕。"然而，没想到的是，那个同桌接过蛋糕后，又往小男孩的右眼上打了一拳，并对他说："回去告诉你妈妈，说我今天又打你了，因为我明天还想吃蛋糕！"

看完这则笑话，在一笑过后，我们不免有些心酸，因为这不仅仅是一则笑话这么简单，而是真实地反映出了我们现实生活中的一些现象。不久前，曾经看过一位妈妈在论坛上发的一篇帖子，帖子的内容大致是她根据"孔融让梨"的故事来教育自己的儿子，让儿子从小学会谦让，结果她的儿子在幼儿园里却成了被其他小朋友欺负的对象，甚至连幼儿园的老师也认为她的儿子是一个胆小怕事、没有竞争意识的孩子。为此她得出一个结论，那就是"孔融让梨"的故事纯粹是骗人的，更不能以此来教育孩子。

那么，到底是让还是不让呢？可以说，不但孩子面临着这样的困惑，在成年人的世界里这种事更是普遍存在。比如，两口子吵完架后，为了和好，不管谁对谁错，其中的一方总是要先低头认错，然后向对方道歉。此时，如果对方比较通情达理，得理饶人，双方的矛盾自然就化解了。但是，如果对方不但得理不饶人，反而还穷追猛打，给道歉的一方再来一顿劈头盖脸的训斥，而且在往后的日子里又再三地提起那些事，结果也就可想而知了。试想，这种事发生了一次两次之后，以后谁还敢主动向对方道歉呢？那不道歉应该怎么办呢？也好办，如果觉得自己对了，只要对方不开口，就坚决把冷战进行到底；如果觉得自己错了，那就只好找借口！而一旦找借口，那就像在大海里找水一样，简直就是张口就来！再接下来的结果又是可想而知了，一方气急败坏地说："你哪来那么多的借口？"另一方心里想："事情本来就这样！"

其实，不仅是我们现代人，早在几千年以前，人们就已经面临这种困惑了！所以，先秦的诸子百家也曾针对这一点提出自己的主张。其中老子的主张就是"以德报怨"，而且在仅有五千余文的《道德经》里反复强调自己的这种主张。但是，后来有一个人，在受到别人欺负后，实在忍不下这口气，又不知道该怎么办，于是就来问孔子："我以德报怨，您觉得怎么样？"孔子的回答是："何以报德？以直报怨，以德报德。"意思是说，如果你以德报怨，那你又拿什么来报德呢？应该是以正直来报怨，以德行来报德。孔子的这个回答，应该说是很妙的，虽然不能说放之四海而皆准，但有时候却很管用。毕竟，不管什么事，都得有一个度，如果没有讲究这个度，那么好事也往往会变成坏事。要知道，物极必反是一切事物发展的规律呀！

成人的世界尚且如此，更何况是孩子呢？所以如果你动不动就对孩子说"大的要让小的"，不但起不到教育的效果，反而还会引起孩子的反感。

汪先生家是在女儿9岁时才生下小儿子的，所以姐弟俩的年龄差距有点大。如今，姐姐已经开始上初中了，而弟弟还在幼儿园大班。

"我和弟弟基本没有什么共同语言，也玩不到一起，他要玩的游戏，我都觉得好幼稚。"姐姐这样说道，"更让我生气的是，自从有了弟弟后，只要弟弟和我在一起时哭了，不管是什么原因，父母都认为是我这个姐姐的错。"

但有一点很神奇，那就是弟弟平时最听姐姐的话，姐姐说一句，比父母说十句还管用。对于这个原因，姐姐这样解释说："可能是因为我从来不知道怎么哄弟弟，所以他比较怕我，才会听我的话。不过如果要我在弟弟和妹妹之间选一个的话，我肯定会选妹妹，因为弟弟太调皮了，一点也不好玩，我反倒更喜欢和弟弟同年的姑姑家的小妹妹。"

而汪先生对于这姐弟俩也很头疼。儿子出生的时候，女儿才刚上小学不久，功课压力比较大，根本没精力帮忙照顾弟弟。后来，随着弟弟渐渐长大，就经常听到他们俩吵架。这时，父母难免会心疼弟弟，会批评姐姐，要求她让着点弟弟。但他们不知道的是，有时候确实是弟弟太不听话，所以姐姐不得不"教训"他。

一般情况下，大宝抢小宝的东西时，父母会批评大宝；但小宝抢大宝的东西时，很多父母还是会批评大宝，因为他们认为"大的就应该让小的"。结果弄得大宝很委屈，而小宝也会变得越来越骄纵。实际上，这是家庭教育的大忌。当两个宝宝发生"掐架"的情况时，父母最好先引导他们自己沟通，让他们学会自己解决问题。如果实在需要父母出面干涉时，在一般情况下最好先制止小宝的行为，以平复大宝的情绪，然后再慢慢进行调解。

具体来说，父母平时在引导孩子解决问题时，至少应该注意如下两点：

🔊 不要无原则偏心小宝

实际上，孩子闹矛盾不但不是什么坏事，而且还是好事，关键在于父母如何引导。因为他们可以在冲突中学习人际交往的方式。如果是大宝以强欺弱，那么严肃教育大宝是无可厚非的。但有的时候，孩子间的矛盾也可能是小宝先挑起来的，大宝确实没有什么错。这时如果父母还是无原则地偏心小宝，一味地让大宝退让，那么大宝心里肯定会不舒服，虽然他可能会因为父母在场而不得不选择退让，但他的这股怨气终究还是会爆发出来的，到那时恐怕就很难收拾了。

让小宝学会分享

等小宝到了一定的年龄，尤其是开始上幼儿园后，也可能产生一种心理落差。因为他突然发现，一些小朋友（独生子女）可以单独拥有爸爸妈妈的爱，而自己却要和哥哥姐姐分享父母的爱，于是就会有彻底"霸占"父母的想法。但小宝的这个想法，自然会遭到大宝的强烈反对。因为在大宝看来，这个家的所有东西本来就都是"我"的，包括爸爸妈妈、爷爷奶奶、外公外婆，我愿意分给你就分给你，不高兴就可以不分给你。现在倒好，你反过来要全部"抢"过去，门都没有。这要一来，两个孩子之间的矛盾自然就形成了。而解决这个矛盾的办法，不是让大宝退让，而是要教小宝学会分享。所以，父母平时与小宝沟通时，最好经常把"分享"这两个字挂在嘴边。渐渐的，小宝自然就会明白，只有分享的爱，才是完美的爱。

走出"长兄如父"的误区

常言道："长兄如父。"这句话阐明了在子女当中，大宝要承担起更多的责任，除了帮助父母照顾好弟弟妹妹以外，还要负责对弟弟妹妹进行教育。不过，这只是传统家庭的模式。因为在计划生育实施之前，很多家庭往往有四五个孩子，这么多的孩子，父母显然照顾不过来，于是照顾弟弟妹妹的责任自然就落在大宝的身上。既然让大宝负责照顾弟弟妹妹，就必须给予大宝一定的权利，也就是弟弟妹妹必须听大宝的话，谁不听，大宝就有权利教训谁。

这在当时看来，应该说是天经地义的，因为孩子比较多，必须由大宝进行统一管理，才能保持弟弟妹妹之间的平衡。再者，大宝和老小也往往相差十几岁，所以老小也乐意听从大宝的安排，毕竟在生活经验上，大宝要比弟弟妹妹们丰富，懂得也更多。

然而，今天的情况跟以前已经没有可比性了，现在很多"二胎"家庭中，两个宝宝的年龄基本上只相差三四岁，所以以前那种"长兄如父"的观念，再也无法适用于今天的家庭教育了。由于两个孩子都差不多大，所以父母也不可能让大宝承担更多的责任，更不能要求大宝处处让着小宝；而与之相对应的，小宝也没有必要事事听从大宝。这时，两个宝宝之间的相处，就是平等的，这才是相对的公平。

不过，大宝可能不会这么想，因为他觉得"这个家里所有的一切本来都是我的，而你既然来到这个家，跟我分享这一切，那么就必须听我的"。所以，如果小宝不顺从他的意愿，他往往就会做出一些过激的行为。

任女士自从生了小儿子后，就开始发现4岁的大儿子文文的脾气就越来越不好，总是动不动就打弟弟。其实，文文的性格一直都很好，邻居家的小哥哥、小弟弟都喜欢邀请他去家里玩，而文文有什么好东西，也愿意和小伙伴们分享。但自己有了弟弟后，他却越来越不喜欢这个小家伙，只要逮到机会就要打他。爸爸妈妈问他为什么要这样做，他的回答是"因为弟弟老不听话"，这让任女士哭笑不得，弟弟那么小，怎么会知道听不听话呢？

应该说，文文的这种表现，恰恰反映了他的智力已经发展到了一定的水平。因为他已经能够区分别人家的"小哥哥"、"小弟弟"和自己家的"亲弟弟"是不一样的。从现状来看，文文似乎对弟弟怀有一种成见，而这种成见究竟是从哪里来的呢？

20世纪瑞士著名的心理学家让·皮亚杰把儿童智慧的发展分为四个阶段：感知运动阶段、前运动阶段、具体运动阶段和形式运动阶段。其中，前运动阶段指儿童在2~7岁这个阶段。这个阶段中，孩子思维最大的特点就是思维的自我中心主义——孩子深信自己想的也就是别人所想的，并认为自己的想法永远是对的。因此，他会强行让别人接受自己的想法。当然了，对于父母的想法，他也知道自己是没有办法改变的，所以他只能要求比自己弱小的宝宝接受自己的想法。这样，我们就不难理解上述案例中文文的一些小举动了。

然而，思维的自我中心主义对于孩子之间的相处是十分不利的，所以父母在教育孩子时，一定要充分考虑孩子的这种思维特点，走出"长兄如父"的误区，把两个孩子都当成孩子来看。尤其要让大宝知道，既然他不用处处让着弟弟妹妹，那么弟弟妹妹也没有必要事事都顺从他。这样，孩子之间自然就会以平等的心态和睦相处了。

打破 "会哭的孩子有奶吃" 的思维

在日常的生活中，那些会闹腾，而且经常惹事的孩子，往往能够赢得更多的关注；而那些比较安分，也比较听话的孩子，却往往被忽略。于是人们便得出了"会哭的孩子有奶吃"的结论，并将其奉为真理。实际上，这是一种病态的现象，因为它会误导孩子，让孩子觉得不管遇到什么问题，只要一哭或者一闹就能解决，所以不愿意去思考更好的解决办法。久而久之，自然就会使孩子养成投机取巧，甚至无理取闹的习惯。因此，对于家有二宝的父母来说，一定要从这种误区中走出来，否则孩子们一遇到问题，或者有什么需求时，就比谁哭得更厉害，那就麻烦了！

"哎呀！小祖宗，你这是怎么了！"

"奶奶，我要那个玩具，呜呜，我不要这个……"中心商场里面，一个小男孩子在玩具柜台前闹起来了。

"不是刚给你买了这几个玩具吗？"奶奶不解地问。

"我不要这个了！我要那个！"孩子呜咽着说。

"好了，好了，别哭了！就把那个也买了吧。"奶奶无可奈何地说。

不一会儿，孩子抱着新玩具蹦蹦跳跳地出了商场的大门，而他的奶奶则吃力地提着刚买下来就被孩子淘汰掉的玩具跟在孩子后面。

日常生活中这种现象很常见，其实也是经常在你我身边发生的故事。故事中的人物也许就在我们身边，就在我们家里，就是我们邻居家或者我们自己的孩子。我们小心翼翼地捧着孩子，怕他受委屈，怕他哭坏了眼睛，怕他不高

兴。然而，这种"会哭的孩子有奶吃"的观念，对孩子的成长能够带来好处吗？

我们再来看一个真实的故事：

法国有一对老夫妻，因为以前生的几个孩子都夭折了，直到他们五十多岁时才生了一个孩子。老年得子，使得这对老夫妻对这个孩子百般呵护，宠爱有加。孩子已经长到五六岁，但在吃饭、穿衣、睡觉等方面都需要父母服侍。父母不让孩子单独做任何事情，害怕孩子会累着，会摔着。尤其是当孩子一哭时，父母就顿时慌了手脚，不知道该做什么，只好把自己想到的所有东西都给孩子。就这样，一晃二十多年过去了，当年的小孩子已经长成一个大小伙，但却连最基本的生活都不能自理，甚至连大便还需要七十多岁的父母帮助。

这是一个可悲的真实的故事，而悲剧的始作俑者，恰恰就是父母，正是他们从来都不让孩子动手，才导致孩子的能力和技能都得不到锻炼和施展，把本来很健康的孩子培养成为一个弱智的人。

这个故事听起来虽然有些夸张，但却是一个真实的故事。而下面的例子，相信很多家长朋友也一定不会陌生。

"我家的孩子太不懂事了！"王女士一上班就跟同事们诉苦。大家仔细打听之下，才知道事情的原委。原来，王女士的大儿子上小学的时候由爷爷奶奶两个人专门接送。爷爷牵着孩子的手在前面走，奶奶背着书包在后面跟着，而且由奶奶亲自给孩子喂饭。上中学的时候，学校离家比较远，王女士怕孩子上学路上太累，就在学校旁边租了一套房子，让爷爷奶奶过去照顾孩子的生活起居。然而，孩子对父母的这些做法仍然不满意，不但学习懒散，还整天嚷着要买手机、iPad，如果父母不给买的话，他就使出自己的看家本领——哭闹。王女士无奈，只好赶紧给他买了一部iPad。可是没过半年，孩子又说自己的iPad过时了，要买电视上正在宣传的新产品。王女士只好又咬牙给他买了一部新款的iPad，并让孩子把旧的iPad给弟弟用，但他却说旧的iPad已经送给自己的好朋友。王女士一听，顿时气得够呛，自己花两千块钱买的东西，他说送人就送人了。给大儿子换个新款的iPad后，王女士以为自己能过一段安稳日子，谁知道他又开始整天念叨着买笔记本电脑。王女士很恼火，对他大吼道："你学习不争气，玩倒是很在行！"谁知道孩子的火气更大，竟然离家出走，连学也不上了。接下来，王女士全家人出动，到处找孩子，最后在他同学的指点下，才在一家网吧里找到他。

"我都快被他折磨疯了！"王女士皱着眉痛心地说道。

很明显，王女士的大儿子实际上是被大人们给宠坏的。从他上小学就让爷爷奶奶专门"护送"来看，一家人就开始宠着他了；上中学后专门给租房子，又使这种宠爱进一步发展。结果，孩子完全控制住了父母，而且对父母的要求越来越多，胃口也越来越大。最后父母无法满足他的要求时，干脆离家出走，连学也不上了。

其实，教育孩子的方法有很多，但是要有一个原则，那就是要让孩子参与到我们的生活中来，要让他们在生活中培养各方面的能力，体验生活的艰辛和不容易，磨砺他们的品质，让他们懂得感恩父母和长辈。

有这么一个母亲，她每次给孩子买好吃的东西时，总是会说："这东西这么好吃，我一定要给你姥姥买些。妈妈小时候，姥姥很辛苦。"有时候对孩子说："爸爸很辛苦，这些好吃的东西一定给爸爸也尝一尝。"久而久之，孩子渐渐学会了为别人着想，并懂得感恩父母的爱。这的确是一位很聪明的妈妈，因为她懂得运用日常生活的每一个细节对孩子进行教育。

因此，千万不要再认为"会哭的孩子有奶吃"了，因为这样不但帮不了他，而且还害了他，甚至害了一家人。

PART 4

二宝出生后，大宝的问题也来了

二宝出生后，全家忙得不亦乐乎。妈妈则忙着坐月子照顾小宝宝，而大宝却快乐不起来，而且还出现一些怪异反常的行为，动不动就尖叫、哭闹，有时趁着爸妈不注意偷偷捏自己的弟弟妹妹，甚至要求像弟弟妹妹一样包尿布、用奶瓶，状况百出，整天找麻烦，妈妈面对上述状况简直要崩溃。妈妈们很不理解，有些妈妈甚至会抱怨说没有二宝时，大宝的很多事情都可以自己做，二宝出生后反而退化不会做，甚至还会唱反调，问题特别多。到底问题出在哪里，又该如何妥善处理呢？

二宝出生后，大宝的问题也来了

近来，一些符合二孩政策条件的家庭生育了二胎，这是三十多年来国家首次允许的。然而，国家虽然允许生二宝了，但家中的大宝却不允许了，很多家庭甚至因为生了老二之后，使老大成了问题孩子。这到底是怎么回事呢？原来，由于老二的到来，使原本的家庭结构发生了改变，而最明显的改变就是所有的大人都不再整天围着大宝转了，而是将大部分的精力都花在刚刚出生的老二身上。这样一来，便使大宝产生了"地位不保"之感，于是问题也就产生了，比如烦躁、易怒、叛逆、暴力，等等。

为什么二宝的到来，会对大宝产生如此大的影响呢？我们不妨先来看看下面的这两个案例：

在某省儿童医院心理门诊上，刘先生一提到自己9岁的孩子翔翔，就气不打一处来："平常只要我们稍微不注意，他就把弟弟给打了，按理说都这么大的孩子了，也应该懂点事了，换成别的孩子，肯定能够帮助爸爸妈妈照顾好弟弟了，可他不但没有，还经常欺负弟弟，真不知道他为什么这么坏。"

心理医生看着刘先生气急败坏，又无可奈何的样子，只好劝他先冷静下来，然后再慢慢说，但刘先生根本无法平静，又焦急地向心理医生诉苦："我们刚开始打算要老二的时候，虽然事先没有跟他说什么，但老二出生之后，他还是很喜欢的，这三年来也没有发觉有什么不对的地方。可是最近几个月以来，不知道为什么，他好像越来越喜欢欺负弟弟，经常把弟弟惹得大哭。"

因为刘先生和妻子均是独生子女，所以他们在翔翔6岁的时候，生下了老二彤彤。由于夫妇俩平时都需要上班，所以照顾孩子的事便由奶奶承担起来。而在三年

的时间内,兄弟俩的关系一直都很好,但最近几个月以来,翔翔却突然发生了很大的变化,总是趁着大人不在时,一把将弟弟正在吃的食物抢走,或者把弟弟正在玩的玩具抢过来自己玩,彤彤没有办法,只好用哭声来向大人求助,而大人们以为这是翔翔在搞恶作剧,也就没太在意,但翔翔的表现却越来越过分。

有一次,奶奶在厨房里忙着做饭,突然听到卧室里传来彤彤的哭声,奶奶急忙冲进房间,看到彤彤正趴在地上,委屈地向奶奶喊:"哥哥又打我!"而翔翔却好像什么事也没有发生一样,嬉皮笑脸地看着彤彤。

到了晚上,奶奶将白天发生的事情告诉刘先生,刘先生一听,顿时气急败坏地给翔翔一顿训斥,但翔翔并没有因此而被吓住,反而更加恼火,并扬言要把弟弟打死,这可把刘先生给吓坏了。

然而,翔翔虽然在家里很叛逆,但在学校却很乖,与同学相处融洽,也很听老师的话。

"这到底是怎么回事?我到底做错了什么?"刘先生一遍遍地问自己,却百思不得其解。

后来,心理医生经过和翔翔谈心,才明白其中的真相。原来,最近几个月以来,很多亲戚和邻居总是当着翔翔的面夸彤彤如何的聪明,并说彤彤长大后一定会比翔翔更有出息,甚至还会抢他的财产。这让翔翔觉得很委屈,并产生了这样的错觉:爸爸妈妈只喜欢弟弟,不喜欢自己。

"我以后会不会被爸爸妈妈给抛弃?"在这种担惊受怕的心理作用下,翔翔甚至连觉都睡不好,经常半夜里从噩梦中惊醒,久久无法入睡。于是,翔翔内心里开始出现两种声音,一种是"好好爱护弟弟",一种是"打死弟弟"。

在这种精神的折磨之下,翔翔的情绪也越来越焦虑,越来越烦躁,而这种内心的不满又无处发泄,所以才会迁怒弟弟,并经常趁着大人不注意时欺负弟弟。

其实,翔翔的这个案例并不罕见,很多二胎家庭也面临这种无奈的情况。在两个月内,这家儿童医院心理门诊就已经接诊了十多个像翔翔一样的孩子,这些孩子都是因为家里有了老二之后,心理出现了不同程度的问题。

"自从有了妹妹之后，我的幸福生活就结束了，不能在家里玩玩具，连大声说话都不行！"7岁的小华向医生说出这句话之前，在家里刚挨了奶奶一巴掌。几天前，他的妹妹刚满半岁。由于刚出生的婴儿容易受到惊吓，所以自从妹妹出生之后，小华就不能再像以前那样可以随心所欲地玩游戏，而且还不能大声说话，因为会惊醒正在睡觉的妹妹。然而，小华毕竟还是一个孩子，还是喜欢玩，所以家里还是经常会发出各种各样的响声。有一次，小华正玩得起劲，奶奶抱着妹妹过来警告他，让他小声点，但小华却故意把声音弄得越来越大，结果吵醒了妹妹。看到妹妹哇哇大哭，奶奶气极了，为了给小华一个教训，奶奶挥手就给了小华一巴掌。结果这一巴掌下去之后，屋里顿时哭声一片，兄妹俩好像较着劲，都扯开嗓子大哭起来。

小华的父母一看到这情况，也是哭笑不得，不知道该劝谁好，也没有太往心里去。但是，从那天开始，小华再不像妹妹刚出生时那样，会亲亲妹妹的脸蛋，或轻轻地捏着妹妹的小手，而是动不动就大喊："给我滚！"有时候，妈妈白天哄妹妹睡觉时，小华就无缘无故地摔东西，吓得妹妹大哭起来，而面对妈妈的责备，小华不但不承认错误，反而大发脾气，有时甚至会把一些玩具摔得稀巴烂。直到这时，大人们才开始意识到小华身上的问题。

专家在接诊中发现，很多二胎家庭的大宝都容易出现心理问题。而原因也基本上一样，那就是现在的家庭多是独生子女，很多孩子从小娇生惯养，承受能力比较差。一旦家庭的人员结构发生变化，孩子就很难接受，尤其是当父母把所有的精力都投入到老二的身上时，往往在无意中忽视了大宝的存在，这就使得大宝产生了被抛弃的感觉，认为父母不再爱自己了。这样一来，大宝虽然对父母产生了怨恨之情，但对父母又无可奈何，于是只好迁怒于老二。

二宝出生后，大宝受委屈啦

杨女士家有两个宝宝，大宝叫希希，今年刚上幼儿园；小宝叫望望，刚满6个月。有一次，杨女士到幼儿园去接希希时，老师悄悄将杨女士拉到一边，然后告诉杨女士：她发现希希最近不是特别合群，上课的时候，他很少发言，而且还经常开小差；每当小伙伴们在一起玩的时候，他也一个人默默地站在边上。老师觉得很奇怪，便问他到底是怎么回事，他才将自己心中的小秘密告诉老师："我最近心情很不好，因为妈妈老陪弟弟睡，不怎么理我了。"老师的这个"告密"，让杨女士着实伤心了好几天，也担心了一阵子。

原来，由于杨女士和老公都是独生子女，他们在成长的过程中，都深刻体会到独生子女的孤独与无助。于是在生了大宝希希之后，他们就寻思着再生一个，给他做个伴。

望望刚出生那几天，希希还很开心，每天都跑去医院看弟弟。每天护士来给弟弟打针时，他还会拉着护士的裙子讨好："漂亮姐姐，你一定要打得轻一点哦，千万别把我的弟弟弄疼了。"当时，医生和护士们都夸这孩子很懂事，所以杨女士那颗悬着的心也就放下了。

但是，最近一段时间以来，杨女士却发现希希有些反常，已经上幼儿园的他，也开始学着弟弟的样子，吸起手指来，而且只要妈妈一离开他的视线，就开始大喊大叫，弄得杨女士莫名其妙，却也无可奈何。直到那次听了幼儿园老师的那番话后，她才意识到，在望望到来的这短短几个月内，希希那小小的心里已经发生了微妙的变化。

"其实，我已经很明确地告诉他了，即使有了弟弟，妈妈依然还会像以前一样爱你。"杨女士有些委屈地说。然而，有些局面还是她无法控制的，比如，很多亲戚朋友来家里拜访的时候，往往一进门就直奔望望而去，因为可爱的小婴儿总是能吸引人们的视线，而他们却已经很熟悉希希，所以便在无意中将希希"冷落"了。此外，还有一些亲戚朋友会和希希开玩笑："希希，爸爸妈妈有了这么可爱的弟弟，以后就不要你了。"要知道，孩子毕竟是孩子，他会把大人说的话都当成真的，根本不知道什么叫开玩笑。因此这些亲戚朋友的玩笑话，便在无形中对希希产生了伤害。

为了不让希希再受到无端的伤害，杨女士只好直接告诉那些来访的亲戚朋友们，以后不能再开这样的玩笑了，而且进了家门之后，一定要先和希希打招呼后，才能去看望望。

从这个案例中，我们突然发现，孩子的心真的很柔软，而且很容易破碎。有时候大人一些不经意的举动，或者一些脱口而出的话，就使孩子的心在无形中受到了伤害。其实，对于大宝来说，在有了小宝之后，他的心就会变得十分敏感，而且十分脆弱。这个时候如果没有得到很好的引导，那么他的内心就会受到委屈。

⭐ 当孩子出现哪些反常的情绪时，说明他的心已经受到委屈了呢？

· 失落感

二宝的到来，使家庭的结构发生了改变。这种改变对于其他的家庭成员来说，好像并没有太大的影响，但对于大宝来说，却是一个重大的变化。想想看，原本是独生子女的孩子，突然面临着父母的关注和爱被另一个人分走甚至全部夺走的局面，对一个孩子来说，那是无法忍受的事情。这个时候，如果父母没有进行正确的引导，大宝的心里就会开始出现失落感，进而会引起烦躁、易怒等，导致性格越来越内向，越来越孤僻。而且，如果孩子的这种不良情绪长期被压抑，没有得到适当的发泄，最终会让孩子出现心理问题。

· 嫉妒心

嫉妒这种东西，原本是人类与生俱来的一种品性。那么，这种品性是如何产生的呢？主要是因为对别人拥有的东西产生的一种愤恨情绪，尤其是当他觉得那些东西"原本应该属于我"时，这种不满的情绪就更加强烈了。

对于孩子来说，他最想拥有的东西，当然是父母的爱和长辈的关注。所有的孩子在刚出生的时候，就已经拥有了这些东西。现在，突然有一个人抢走了这些"原本应该属于"他的东西，他当然就会产生嫉妒了。

那么，大宝的嫉妒主要表现在哪些方面呢？一个最明显的现象就是故意的哭闹，就像上述案例中的希希，只要妈妈离开了自己的视线，就会大喊大叫，以引起大人对自己的关注，潜意识里他认为他的安全感已经受到了威胁。还有一个很普遍的现象，就是欺负二宝，因为他觉得父母之所以"抛弃"自己都是二宝造成的，所以大宝便将这种不满的情绪发泄到二宝的身上。

心理学家认为，嫉妒是一种破坏性很强的东西，可以说既伤害了别人，也伤害了自己，对孩子各方面的健康成长都会产生消极的影响。如果孩子长期处于这种消极的情绪中，他的心理便会产生严重的压抑感。所以，在二宝出生之后，父母一定要及时安慰大宝，以防止他出现嫉妒心理；当自己需要长时间照顾二宝，不能陪他玩耍时，也要及时给予解释。

当然了，不管怎么做，二宝的到来，对于大宝来说，多少还是会受到一些影响。

⭐ 对于大宝的委屈，父母应该怎样和他沟通，才能让他感觉好起来呢？

· 尽量挤时间和他单独相处

在两个人单独相处的时候，可以玩一些游戏，也可以读一会儿书，或者讲个小故事，不需要花多少时间，重要的是让他偎依在你身边，觉得你心里还有他。

· 偶尔"抱怨"一下小宝

当小宝哭个不停时，你可以对大宝说："唉！真是烦死我了，如果他也能像你那样乖，那该有多好啊！"等哄小宝睡着之后，你还可以向他"求安慰"："真是累死我了，你知道妈妈一天要给弟弟换多少次尿布吗？我自己都数不清了。"

· 让他拥有大宝的成就感

比如，可以让他帮妈妈监督来访的客人，如果客人没有洗手，就不让他们摸小宝的脸。

针对二宝出生后，大宝出现的种种问题，儿童心理学专家建议那些打算生二胎的家长，最好事先跟大宝沟通一下，并尽量取得大宝的支持。而在妈妈怀二宝的过程中，可以通过让大宝摸妈妈的肚子、与洋娃娃玩游戏等方式来参与对二宝的照顾。尤其是当二宝出生之后，对大宝的关心不要减少，并鼓励他心里想什么就说出来，及时与父母沟通。

其实，天下没有不爱儿女的父母，只有不懂得如何表达爱的父母。尤其是对于二胎的家庭来说，如何在二宝出生之后，尽量不要让大宝受到委屈，这十分考验父母的智慧。而我认为，作为两个孩子的父母，最需要做的一点，就是要让大宝知道，不管怎么样，父母都永远爱他，永远在他身边；而新来的弟弟，就是父母送给他的最好的"礼物"。

二宝出生后，大宝为什么会产生各种问题

"全面二孩"政策开放后，有一项调查显示：学历越高和经济实力越强的人，生二胎的意愿也相对越强烈。而在性别方面，男性想生二胎的意愿是女性的两倍。

然而，与大人们生二胎的强烈愿望形成鲜明对比的是，很多大宝极力反对父母再生弟弟妹妹。近日，就有新闻接连曝出因为父母想要弟弟妹妹而闹情绪的孩子。例如，南京一位 9 岁的女孩在听说父母要生二胎后，便偷偷地骑车离家出走；杭州一位高中女生因父母要生二胎，患上了焦虑症，连学都不想上了，最后不得不拨打心理求助热线；在一段网络视频中，一位小男孩在听说父母要生二胎后，便扬言要把未来的弟弟或妹妹扔到进河里去。虽然这可能是孩子一时的气话，但也在父母的心中产生了不小的阴影。

那么，这些孩子们为什么对父母再要一个弟弟妹妹产生这么大的排斥感呢？下面，我们就从心理学的角度，对他们的内心世界进行具体地剖析。

★ 习惯以自我为中心

心理专家分析，由于现在的家庭大都是独生子女，一个孩子出生之后，除了爸爸妈妈宠着以外，还有四位老人护着，所以习惯了以自己为中心，缺少分享的意识。而"自我为中心"是幼儿思想的一个非常显著的心理特征。幼儿最初对世界的认识完全是以他自己的身体和动作为中心的，自我中心笼罩着他的思维。这样习惯了家中只有自己一个宝贝时，面对新出生的小弟弟或者小妹妹，就不可能立刻站在他人的

立场上进行观察，也无法理解父母的观点如何不同于自己。大宝会觉得没有弟弟妹妹以前，家中的一切都是以他的意志为转移，他想要什么玩具零食都会第一时间得到满足。这样，就给他了一个错觉：在这个世界上，我是最重要的，什么都应该得到满足，一切都应该围着我转。

而家中有了二宝之后，这一切都被打破了。家里又多了一个孩子，这也就意味着有另外一个孩子分享着原本属于他的父母之爱，分享着他喜欢的玩具，分享着他爱吃的零食，他的有些要求也不会像以前及时得到满足或者根本得不到满足，这样大宝势必会觉得不适应。因此，大宝在面对刚出生的小宝时，肯定会产生很多反常的行为和情绪。大宝会嫉妒、吃醋、更黏着妈妈、容易发脾气哭闹，更甚至会选择离家出走来宣泄自己内心的愤怒。

⭐ 来自内心的危机感

通过调查发现，很多想要二胎的父母在跟孩子进行沟通时，只有少部分的孩子觉得有个弟弟妹妹一起玩很好，而大部分孩子强烈反对。同时，研究人员还在幼儿园和小学低年级进行了一项调查，结果发现有90%的孩子都拒绝再要一个弟弟妹妹。当问到他们为什么反对时，他们的理由虽然很多，但最集中的一点是："如果有了弟弟妹妹，爸爸妈妈就没那么疼我了！"可见，感觉父母的爱被剥夺是孩子们普遍担心的问题。也就是说，小宝的到来，会使大宝的内心产生一种危机感。

这时，如果父母想要二胎，孩子自然就会觉得自己的地位受到威胁，甚至会有被抛弃的感觉。等弟弟妹妹到来之后，由于父母把过多的精力投入到新生婴儿的身上，周围的家人也都围绕在二宝的身边，这时大宝就会担心自己被遗忘，对父母给予的爱感到不确定。这会使孩子觉得自己之前的担忧变成了现实，觉得父母不再爱自己了，并将父母不再爱自己的责任推到弟弟妹妹身上。而对这种"失宠"的感觉，孩子的反应主要是喜欢乱发脾气、不讲道理、故意捣乱、经常哭闹或整天黏着妈妈；有的孩子则会出现退化的行为，也就是让自己变"小"，比如原本已经不尿床了，现在又开始出现尿床，或者又开始要求用奶瓶来喝牛奶等。

⭐ 害怕"同胞竞争"

心理学有一个名词叫"同胞竞争"，说的就是兄弟姐妹之间相处时的微妙关系。在任何一个家庭，只要有了两个或两个以上的孩子，他们之间必然就会有比较和竞争。

而孩子的占有欲是很强的，敏感程度很高，所以他们心里很清楚，弟弟妹妹的到来，势必会分走父母对自己的关爱。这种潜在的敌对心理，自然就会给他们造成压力，而这种压力远比父母感受到的要强得多。当孩子的这种压力无法得到疏通时，他很可能会做出一些极端的事情，甚至会引发悲剧。

孩子因为"同胞竞争"而引发的行为障碍在心理门诊上越来越常见：原本爱说话的姐姐，弟弟出生后突然间变得一言不发，并且出现尿床的现象；原本爱说笑的哥哥，弟弟出生后却变得情绪失控，爱摔东西，哭闹，打弟弟，甚至把弟弟的衣服剪成布条放在火上烧，整天挂在嘴上的话就是"活着没意思""很痛苦"。如果上述的现象得不到有效的纠正和引导，将会影响孩子人格的养成。所以，父母们在孩子的沟通过程中，千万不要因为孩子年纪还小就忽略他们的这种心理感受，也不要简单地把他们的那些威胁当成玩笑。

二宝出生后，大宝来争宠

拥有两个孩子，儿子黏着妈妈，女儿跟爸爸撒娇，这是多少独生子家庭正在描绘的美好蓝图。相对于独生子女家庭的冷清，家里有两个孩子，就显得热闹多了，而且也会给大人们带来更多的幸福。但是，家有二宝，往往也会出现两个孩子争宠的局面，如果没有处理好，就会使原本幸福的生活大打折扣。

一位在某报社工作的记者，曾收到一位小学生的来信。那位小学生在信中说自己受到了委屈，原因是妈妈给弟弟花 100 块钱买了一个玩具，而自己要买 40 块钱的笔袋，却被妈妈拒绝了。这件事让她十分伤心，觉得妈妈只宠爱弟弟，不关心自己。

其实，从这件事上来看，妈妈未必真的是偏心弟弟，只是在大人的思维里面，觉得花 40 元买一个笔袋根本不值得，所以就没同意买。但在姐姐的眼中，却认为妈妈是偏爱弟弟。这实际上就是很多二胎家庭存在的矛盾，也是孩子争宠的最直接原因。

一般来说，争宠主要是大宝引起的，因为小宝出生以后，大宝从独占父母宠爱的独生子女，变成了什么都要和弟弟分享，大宝心理不免失衡。而争宠的表现说明了他需要父母的关注，甚至是完全的关注。

★ 大宝争宠时，主要表现在哪些方面呢？

"妈妈，你快看我！"

当父母正在照顾小宝的时候，大宝会不停地想方设法把父母叫到自己身边，"妈妈，你来一下！""妈妈，你看我搭的积木！""爸爸，快来看我画的奥特曼！"

大宝的这种行为，表面上看起来好像是捣乱，而导致的结果也往往弄得父母手忙脚乱，顾此失彼。这时，很多父母往往变得不耐烦，甚至斥责大宝不懂事，不但不帮忙照顾弟弟妹妹，而且还从中捣乱。但这样一来，肯定会让大宝很伤心，因为他刚刚失去了父母眼中"唯一"的位置，此时又受到父母的冷落和斥责。于是，他自然会想："爸爸妈妈再也不会像从前那样爱我了。"

所以，千万不要忽略了大宝的这种"捣乱"行为，因为他只不过是用一种特别的方式，想引起你的关注，以证明他在你心中的地位。作为父母，如果你平时没有办法抽出一个整段的时间陪大宝出去玩，那么不妨趁着照顾小宝的间隙，让他享受一下"霸占"你的待遇。哪怕只有短短的 5 分钟，只够给他讲一个小故事，或者只玩一会儿游戏，对他来说也是莫大的安慰。

"妈妈，帮我穿衣服！"

很多时候，大宝也能与小宝相亲相爱，经常在一起玩耍，但当妈妈把小宝抱在怀里，给他喂奶时，大宝就开始黏在妈妈身上，甩也甩不掉。大宝吵闹着让妈妈给他切水果，讲故事，穿衣服……

可以说，妈妈给小宝喂奶是最容易让大宝产生嫉妒情绪的时刻，所以妈妈不妨在给小宝喂奶之前，专门抽出几分钟时间，跟大宝玩一会儿，或者把他搂在怀里，之后给他几个玩具，让他自己安静地玩一会儿。此外，让大宝参与到照顾小宝的行动中来，也是很不错的办法。比如，可以让他帮忙拿一个新的纸尿裤；给小宝喂奶时，和大宝一起唱

歌。或者，在给小宝喂奶时，给大宝也倒一杯牛奶，对他说："还是牛奶好喝，但只有大孩子才能享受，小宝宝可不行，他只能喝妈妈的奶。"这样，大宝自然就会感觉到自己的优势，也就不再和小宝争宠了。

"我讨厌妈妈！"

小宝到来后，因为精力有限，父母的确没有办法在大宝的身上花那么多的时间和心思，甚至会不小心忽视或者忘记大宝的存在。这时，大宝只好表示抗议，"我再也不喜欢妈妈了。""你走开，我要爸爸。"甚至只要小宝一出现，他就不和妈妈说话，也不肯吃饭。

作为妈妈可以将大宝的不满情绪说出来，"宝贝儿，妈妈知道你看见我只照顾弟弟妹妹，肯定很生气，也很伤心。"但是，对于大宝的这种不满的言语和举动，妈妈也不要有太多内疚或者受伤的感觉，因为每个阶段花在不同孩子身上的时间不一样，这是很正常的事情。不过，在某些时候，妈妈可以让爸爸或者其他人照看一会儿小宝，让自己能抽出一些时间和大宝单独相处。比如，可以给他洗个澡，或者让他"帮"你准备午饭。

"我要穿纸尿裤！"

在小宝出生之前，大宝原本已经学会自己尿尿，早就不用纸尿裤了，但自从小宝宝到来后，他居然又要求穿回纸尿裤。为什么会这样呢？原来他希望自己能够变小一点，变淘气一点，最好能够变得跟弟弟妹妹一样，什么也不会做，那样就可以得到妈妈更多地照顾和关爱了！

其实，大宝的这种倒退行为，只是暂时的，所以父母不必过分担心，只要表现出适当的关心就可以了。比如，当他尿在身上时，你可以对他说："只差那么一点就可以尿在马桶里了。下次想尿尿的时候，要早点跟妈妈说啊。"另外，在小宝出生的前几个月里，父母最好不要给大宝设定新的"发育里程碑"，比如戒掉奶瓶、自己单独睡等，因为这会使他有被抛弃的危机感。

⭐ **一般情况下，大宝之所以出现争宠的行为，主要是由下面的几种情绪引起的：**

·渴望得到父母更多的爱

孩子之所以会出现"争宠"的行为，真正的目的，就是希望得到父母更多的关爱。要知道，孩子的心是敏感的，也是脆弱的，如果父母多关心另外一个孩子，他的内心就会产生将父母之爱抢回来的本能。

·担心自己的地位不保

当小宝出生后，父母难免会将更多的注意力放在小宝身上，而忽略了大宝也需要被关爱。这时，原本集百般宠爱于一身的大宝，自然就会有一种危机意识，担心自己的地位不保，所以只好奋起反抗。

·对小宝产生嫉妒

小宝出生后，自然会得到家人更多的关注，这是大宝最不希望看到的。尤其是父母觉得大宝已经是大孩子了，所以要学习一些规矩，犯了错误就要承担相应的责任；而父母认为小宝还比较小，所以小宝犯了错误后应该得到父母的原谅。父母的这种观点会使大宝的心理产生不平衡，并因此对小宝产生嫉妒的情绪。这时，大宝往往会对弟弟妹妹进行攻击，或者故意让自己的行为退化，去模仿弟弟妹妹的行为，以此来引起父母的关爱。

那么，家有二宝的父母，该如何面对孩子的争宠呢？其实最主要的还是要平衡和协调好他们的关系。要协调好孩子之间的关系，父母就要做到尊重家庭原则和秩序，比如当分配食物和一些日常用品时，一定要秉持公平原则，可以先征求哥哥姐姐的意见，然后再问小宝。这样一来，自然就会赋予大宝一定的权利感，使他的情绪受到关照，也就会尽量避免大宝争宠了。

二宝出生后，不可忽略大宝的感受

　　梅子很小的时候就喜欢小猫和小狗，所以曾收养过很多只流浪猫和流浪狗。但由于家庭条件的限制，不允许她养这么多的小动物，这些猫和狗最后不得不被他的父亲送出去。后来，当梅子用心养了几年的小花猫走失了，梅子着实伤心了一段时间，并发誓从此不再养猫。

　　长大之后，梅子又收留了一只流浪狗，并给它取名为贝贝，但再也没有养过猫。有一天，梅子回娘家时，碰巧别人送来一只小白猫，梅子很喜欢它，于是没多想就把小白猫带回家。当她带着小白猫进屋子时，贝贝并没有大叫，而是显得有点吃惊。当梅子把猫笼放在地上，贝贝呆呆地看着小白猫。梅子以为贝贝要欺负小白猫，便开始训斥它，让它离小白猫远点，贝贝听到主人的训斥后，便失落地走开了，不再理梅子。

　　梅子的女儿也很喜欢这只小白猫，于是母女俩没事便逗着猫玩，不再理贝贝。只是偶尔抬头时，会发现贝贝那伤心的眼神，但梅子却不知道到底是怎么回事。

　　梅子的爱人回家后，发现贝贝情绪十分低落，不再吃东西，转而看见笼里的小猫，生气地对梅子说："你把猫拿回家，贝贝当然吃醋了，它原本就是一只流浪狗，怎么还禁得住你们这样的折磨？"梅子听了，方才惊醒过来，只好把小白猫又送回娘家。

　　通过这件事，让梅子又有了新的领悟，那就是在迎接新的宠物到来之时，必须安抚好家里原来宠物的情绪，如果安抚不好，那就只好舍弃一个了。

　　宠物尚且如此，更何况是我们人呢？如果新来的宠物是小宝宝的话，那么原来的宠物就是大宝宝，虽然是大宝宝，但毕竟还是宝宝呀！更为关键的是，很多时候，我们的爱也是自私的，但我们却或多或少地忽略了这些。因此，准备要二胎的父母，如果

忘记了安抚大宝宝的心，结果可能是既没有给大宝宝找个伴，反而给大宝宝带来更大的孤独感。尤其是那些重男轻女思想比较严重的家庭，当老大是女孩，老二是男孩的时候，这种情况就更是可想而知了。

大伟家喜获二胎，是一男孩，家里充满了欢声笑语，全家人将所有的重心全部转移到刚出生的男孩身上，只有5岁大的姐姐因此受到了冷落。大伟的妻子当初刚怀孕时，还给女儿解释说，要给她生个小弟弟，让她有个伴儿。然而，随着弟弟慢慢地长大，家人都把弟弟当成家中的"小皇帝"，凡是有好吃的，都得先让给弟弟吃，等弟弟吃不完剩下了，才能轮到姐姐。同时，姐姐还要担负起照顾弟弟的责任，只要弟弟稍微哭闹，就会遭到父母的责备。总之，包括她在内的全家人，都得围着弟弟转，只要弟弟说要月亮，家里人就不敢给星星，而她却不能有任何要求。

女孩长到8岁的时候，也渐渐有了自己的想法，于是她经常望着父母想："我到底是不是他们亲生的呢？他们为什么这样对待我？我有哪一点比不上弟弟？"女孩越想越难受，于是决定离家出走。这时，家里的大人才意识到问题的严重性。当天夜里，当家人找到缩蜷在墙角的女孩时，女孩哭着对妈妈说："妈妈，是不是我做错了什么，你们不想要我了？我到底是不是你们亲生的？"妈妈心疼地抱着女孩，也哭着说："是妈妈不好，妈妈原本是想有个弟弟来和你做伴……"

在这个案例中，年仅8岁的姐姐之所以选择离家出走，那是因为她那幼小的心灵受到了伤害。要知道，孩子的心灵是十分脆弱的，也非常容易破碎，而一旦碎了，想要修复就很难了，而且无论再怎么修复也都会留下一些阴影，这个阴影对于孩子的影响甚至是一生的。因此，在二宝出生以后，大宝的反常行为若未加以处理，容易对孩子造成以下几个影响：

① 影响亲子关系：父母是孩子最早的依附对象，关系如果不稳定，很容易有冲突，亲子关系会变得非常紧张。

② 排斥上学：孩子在外面时会担心自己不在家，爸妈就成为弟弟的了，所以就想在家而拒绝上学。

③ 注意力不集中：想到妈妈和弟弟在家，妈妈不再只属于自己，所以上课过程中或下课无聊时会想东想西，甚至会大哭。

④ 不信任大人：对大人或环境比较不信任，上幼儿园容易有明显的分离焦虑，甚至小学还会出现，若早期依附现象不稳定，情况可能会持续2~3年。

⑤ 人际关系受到影响：孩子认为反正我说的话没人会重视，很多事就选择不去处理，因而使人际关系遭遇困难，个性变得退缩。

⑥ 凡事不考虑他人：担心自己的所爱被夺走，索性凡事会主动去抢、争取。在学校也一样，会跟同学抢东西，不太会考虑到别人或者不会与人分享。

因此，家长必须有足够的警觉性，多阅读，多事先做准备。家长要了解，一切的行为皆来自于未被受到重视，大宝也还是一个孩子，也是需要关注的，许多的行为并非专门找麻烦。所以，当我们准备要二胎时，父母一定要有耐心，一定要先征得大宝的认同，疏通一下老大的情绪。而生完二胎之后，尽管相对来说，小宝是弱者，需要更多的呵护，但父母也要尽量做到不要让大宝觉得自己受到了冷落，因为他也还是个宝宝，仍然需要大人更多的关爱。

二宝出生后，安抚大宝心灵的小秘诀

　　小宝的到来，无论怎样都会对大宝的心灵产生影响。尤其是面对着妈妈的爱被分享，这种滋味，任凭大宝再宽宏大量，心中也难免会有不快的感觉。面对此种情况，父母们应该怎样做，才能安抚大宝幼小的心灵呢？下面我们就推荐给父母们几本图画书，从这些图画书中，相信你一定能够找到安抚大宝心灵的小秘诀。

　　当然了，这些图画书不仅仅是送给父母的，也是送给大宝的。可以说，这些书也寄托了我们对大宝几个小小的希望。一是希望大宝在书里能够看到和自己心思十分相似的另一个哥哥，不再感到孤独；二是希望大宝可以被故事里和故事外的父母同时安抚；三是希望现实中的大宝可以和书中的大宝惺惺相惜，一起去适应二宝到来之后的新生活。最后，即使我们这些小小的希望都没有达成，但我们仍然相信，当你陪大宝认真地读完一本书时，你给予他的这份认真、专注的陪伴，就已经会让大宝开心了。

　　下面，我们就来具体介绍一下这几本图画书吧！

★ 《There's going to be a baby》（英文版）

　　这本书讲的是大宝在妈妈怀小宝期间的小幻想。

　　不知道从什么时候开始，妈妈的肚子里藏着一个小宝宝，对于大宝的好奇，妈妈并没有说什么，只是告诉他，等到秋叶落下的时候，小宝宝就可以从妈妈的肚子里跑出来了。大宝希望是个小弟弟，因为这样就可以陪他玩男孩子的游戏。在哥哥的小小幻想里，弟弟会是谁呢？

　　有时候，哥哥充满了期待，盼望弟弟快点出生，快快长大，好陪他一起玩。有时候，哥哥又会很忧伤，他会对妈妈说："妈妈，我们让你肚子里的小宝宝离开吧？咱们家其实也不是真的很需要一个宝宝的，有我一个就够了，不是吗？"有时候，哥哥甚至也会冒出一点"邪恶"的念头，如果把这个让他感到有威胁的弟弟送到动物园照看动物，说不定弟弟一不小心就被老虎吃掉呢……

在哥哥不断的胡思乱想中，秋天已经悄悄地到来了。就在秋叶落地的时候，哥哥真正拿起礼物，到医院去看望刚刚出生的小宝宝，兴奋地对爷爷说："爷爷，这个宝宝就是我们家的吧？我们都会好好爱他的！"

这本书中所讲述的故事虽然很简单，却可以教会我们如何陪大宝一起期待小宝到来的过程。与其在小宝出生后的忙乱中兼顾安抚大宝的情绪，不如利用相对清闲的孕期与大宝进行交流，慢慢给大宝做一些思想渗透。在平常的时候，可以让大宝和你一起听胎心，数胎动，陪小宝宝一起听音乐，让大宝讲故事给肚子里的小宝宝听，并一起准备小宝出生时的日常用品……让大宝和你一起见证一个小生命在妈妈肚子里的成长过程，并不失时机地告诉大宝，所有的这一切，他都曾经历过。当初，爸爸妈妈期待他的到来时，也和现在期待弟弟妹妹一样兴奋，一样激动。

这本书还告诉我们，要学会尊重和接纳大宝的真实情绪。实际上，每个人的心里都住着一个"坏小孩"，而在现实中，妈妈的爱也确实被分享了，所以大宝对弟弟妹妹有一点小小的嫉妒，甚至会因此而产生小小的恼怒，有"把小宝喂老虎的瞬间小邪恶"，也实在算不上什么大逆不道。父母应该学会尊重和接纳大宝的情绪，不断告诉他，你对他的爱不会因为小宝的到来而改变，并给大宝一段自己想清楚再慢慢去跨越的时间。这样应该会比絮絮叨叨地不停告诫大宝"你是哥哥，就应该有哥哥的样子，必须什么都让着弟弟妹妹"要明智得多，也有效得多。

★ 《彼得的椅子》

这本书讲的是妹妹出生之后，霸占了原本属于哥哥东西的故事。

妹妹苏西出生了，哥哥彼得小时候用过的蓝色摇篮被漆成了粉色，被苏西霸占；那把蓝色高脚椅也被漆成了粉色，被苏西霸占；蓝色小床被漆成了粉色，被苏西霸占……哦，好在爸爸还没来得及将那把蓝色的小椅子漆成粉色，于是彼得决定带上那把小椅子离家出走……成功离家出走的彼得，想要坐在自己的那把蓝色的小椅子上，好好地晒晒太阳，但他却突然发现，自己已经长大，再也坐不进去了。于是，彼得回到家中，坐在大人的椅子上，对爸爸说："我们来把这个小椅子也漆成粉色，给妹妹坐吧！"

书中所讲述的故事，实在是再常见不过，甚至在每个二宝家庭都会上演。但是，我们在将这些事情视为理所当然的同时，却忽略了大宝的小心思。在大宝看来，那些曾经属于他的东西，即使他现在已经不用了，但那毕竟是他的，怎么能被别人霸占了呢？不过有一点父母应该知道，因为有了弟弟妹妹的到来和对照，大宝会更容易意识到自己已经长大。所以，父母们与其苦口婆心地对大宝说"你是哥哥，你比妹妹大，凡事要让着妹妹"，不如找个机会，让大宝自己发现"我已经坐不进那把小椅子了"。当大宝意识到自己已经长大，自然就会发现自己在小宝面前的优势，那些"被剥夺"和"被分享"的感觉也会减弱，那种"被霸占"的感觉会也变成他这个强者的"主动给予"。就像故事中的彼得，在发现自己再也坐不进那把小椅子后，之前对妹妹苏西"霸占"自己东西的那种怨恨，也在这一瞬间释然了，立即回家，主动要求把小椅子也漆成粉红色送给苏西。

★ 《美丽星期五》

这本书讲的是爸爸给予大宝专属陪伴的故事。

迈克从 3 岁开始，每个星期五，爸爸都会带他一起去餐厅吃晚饭。所以，星期五便成为他们父子最期待的一天，因为这是属于他们的时间。当然了，在书中正文的第一页，我们就已经看到，迈克还有一个弟弟。作为老大的迈克，因为爸爸每周给予他的这段专属陪伴时间，觉得自己得到了来自爸爸那份独一无二的爱。

迈克的故事告诉我们，在教会大宝学会分享之前，不妨给他一点"偏心"和"独享"。其实，如果我们能够站在大宝的角度上就不难读懂大宝的小心思。要知道，在小宝到来之前，一切都是他的，现在忽然之间一切都要分享，甚至被霸占，这对他来说是无论如何也接受不了的，自然便在无形中将小宝视为自己不幸的根源。然而，很多有两个宝宝的父母，却始终看不透这一点，要么凡事讲究"公平"，要么告诉大宝要让着弟弟妹妹。但实际上，大宝根本就不会满足于父母的"公平"，因为他还沉浸在以前那段曾经"独享"的美好时光，哪有什么心思谈"分享"呢？

所以，聪明的父母不妨先后退一步，给予大宝一点偏心，一点偏爱，一段专属陪伴的时间，这样自然就会让大宝的心理得到平衡。等大宝的心理平衡了，再让他主动与小宝分享，也就容易多了，因为那是作为大宝的他"主动给予"，而不是"被动放弃"。

二宝出生后，安抚大宝情绪的策略

父母多生一个宝宝，不管出于什么样的理由，哪怕单纯的只是为了给大宝一个伴儿，但如果没有提前和大宝进行沟通，或者沟通不到位，都有可能让大宝产生地位不保的焦虑感，对小宝产生一种妒忌和敌视的心理，甚至会让大宝做出一些丧失理智的行为来。

曾经培养出海伦·凯勒的安妮·莎莉文老师，年幼时就曾因为父母在给她生妹妹时没有及时与她沟通，并安抚她的情绪，导致妹妹玛丽出生后没过多长时间，安妮的情绪就彻底失控了。

当时，安妮的母亲身体本来就不好，在生下小女儿玛丽后，病情就变得更严重了，再加上刚刚出生的小玛丽又哭又吵，所以安妮的母亲已经没有多余的精力来照顾到安妮。

年幼的安妮，当然不理解世事的坎坷，只是单纯地想得到家人的关爱。然而她的父母却没有足够的精力来温暖她、呵护她，这使得安妮的内心焦虑不安。渐渐地，她开始变得易怒，经常乱发脾气。每次发怒时，她都歇斯底里地吼叫，并且乱摔东西，根本无法控制自己的情绪。

当安妮从一个单纯快乐的小女孩变成暴躁易怒的孩子后，她身边的所有人就不再喜欢她，有的人甚至还有意躲开她。

有一次，母亲叫安妮照看在摇篮里睡觉的妹妹玛丽。安妮摇着摇篮，越想越生气，因为她一直认为是妹妹玛丽夺走了妈妈对她的所有的怜惜和关爱。此时安妮被愤怒冲昏了头脑，她开始用力地摇晃摇篮，结果只听到"咚"的一声，小玛丽从摇篮里摔了下来。

那天晚上，父亲将安妮狠狠地打了一顿，但安妮只是倔强地咬紧牙关，既不认错，也不哭喊。从此，安妮暴躁的情绪更加难以克制，就像燎原的野火在不断地蔓延。

还有一次，安妮把手伸进烤箱去取面包，却不小心被烫着了。虽然这是由她自己的粗心造成的，但她却大发脾气，抓起火钳，夹着面包，使劲地摔在地上。母亲眼看安妮狂怒地糟蹋她们家那珍贵的口粮，却只能无力地呼唤着她的名字。

好在安妮上学后，有幸遇到一位很好的老师，在那位老师的精心教育之下，安妮那颗受伤、烦躁、易怒的心才渐渐平静下来，并逐渐迈向人生的正轨。但即便如此，童年时那段不幸的经历，还是成了安妮心中永远挥之不去的阴影。

安妮·莎莉文虽然是美国人，但孩子的心灵不分国籍都是一样的，那就是需要得到父母更多的关心与呵护，不希望任何人抢走父母对自己的爱。所以，父母在生小宝之前，甚至在怀上小宝宝之前，一定要尽量征得大宝的同意，这对缓解或消除他的焦虑是十分必要的。当然，不同年龄段的宝宝也有不同的特征，所以在和大宝宝沟通时，也需要讲究一些策略。

· 和两岁以下的宝宝沟通：不用刻意说明

一般情况下，我们建议最好还是在大宝满两周岁之后再要小宝。但如果在大宝还没有满两周岁时，妈妈就意外怀孕了，这时如果坚持要生下来，父母与大宝沟通倒是不需要花费多少心思。如果大宝还不到1周岁，那就不需要征求他的意见，甚至几乎不用向他做出说明，因为家里新添一个弟弟或妹妹，对于幼小的大宝来说并没有太强烈的刺激。

但如果大宝已经 1 周岁多了，你就应该把这件事告诉他，但也不用说太多，只需要像讲故事一样，指着自己的肚子对他说："妈妈的肚子里住着一个小宝宝，再过一段时间，你就当上哥哥了。"

处在这个年龄段的大宝的认知能力很有限，而且也没有"独生子女"的概念，所以不管家里新添了弟弟还是妹妹，他都能够很自然地接受。

·和 2~3 岁的宝宝沟通：赋予新的角色

如果大宝已经 2~3 周岁，对于生二胎这件事，父母应把它当一件事来看待，绝对不能敷衍，而是应该动一下心思，有策略地对孩子说明这件事。在对他说出自己已经怀有小宝之前，最好先有意识地找一些关于哥哥姐姐的故事书或者绘本书来读给他听，让他对哥哥姐姐形成一个具体的概念，然后再告诉他，不久之后他也会当上哥哥。

虽然大宝对于哥哥有了一个概念，也接受了即将到来的弟弟妹妹，但要知道这个年龄段的宝宝，心理还是十分不稳定，他最关注的还是父母如何对待自己，尤其是小宝出生之后。如果父母对小宝关心过度，从而忽略了大宝，那就容易让他产生嫉妒心理，他会觉得是弟弟妹妹剥夺了父母对自己的爱，所以就会用尿床、发脾气、骂人等消极的行为表示自己的抗议。这个时候，大人除了对他多一些关爱以外，还要多理解他的情绪，找出他的长处，多赞美他、鼓励他，这样才能帮助他顺利度过这段焦虑期。

通常情况下，2~3 岁的宝宝对家里大人的宠爱已经独享惯了，所以家里突然有了一个比自己更小的宝宝，分走了原本属于自己的全部关爱，心里多少还是有些接受不了，甚至会产生不满情绪，这是完全可以理解的。大人除了安抚他的情绪以外，更要给他必要的引导和鼓励，并赋予他的新角色——哥哥，树立他当大宝的权威。要知道每个孩子都喜欢权威，所以新的角色会使他的身份在无形中变得高大了许多，这样就会使他陶醉于自己的新角色，并为此而感到骄傲，从而逐渐忽略掉弟弟妹妹分走的那些父母关注。

总之，只要大人进行适当的引导，大宝很快就会走出失落的情绪，并乐于承担一些照顾弟弟妹妹的责任。

·和 4~6 岁的宝宝沟通：表现出适当的"偏爱"

4~6 岁的孩子正处于人生中最调皮的阶段，心理也十分不稳定，动不动就发脾气，而且爆发力极强，但思想仍然十分简单。对于即将发生的事情，孩子能有一个基本的

理解，但由于想象力比较丰富，所以可能会对现实与虚构分不清。

对于这个时期的孩子，因为他已经"独"惯了，如果大人直接来一句："你有弟弟妹妹了！"那他是无论如何也接受不了的。他会因此出现一些反常行为。跟他打"招呼"时，他可能会假装没听见，或者直接哭闹。当他看到妈妈的肚子越来越大时，可能会嘲笑妈妈是个大胖子。家里来客人时，听到客人讨论他未来的弟弟妹妹是多么让人期待，他就用乱扔玩具、食物的方式来表达自己的愤怒，甚至有时会直接将客人推出门去。

对于孩子的这些表现，如果你表现得很生气，并责骂他不懂事，那你就输定了，你将永远也降服不了他那颗倔强的心。其实，孩子之所以这样表现是有原因的，只有当我们站在他的角度来看这些事时，也就不难看到问题的根源了。所以，对于孩子的出格举动，不妨先柔声制止，再了解他的想法，并针对他的想法与他进行沟通，以缓解他的忧虑。

对于即将到来的弟弟妹妹，已经开始"懂事"的大宝，最为忧虑的问题，仍然是担心有了弟弟妹妹之后，自己是否还是父母手心里的宝。所以，聪明的父母不妨表现出对他的"偏爱"，让他觉得父母的关注点还在他的身上。

小宝宝出生之后，当大人们兴奋地为小宝宝准备各种东西时，也不要忘了给大宝更新一些玩具。当大宝为小宝宝做了一件事，哪怕只是帮小宝宝拿一片纸尿布，或者帮小宝宝擦一下口水，也要马上肯定他，鼓励他，让他对自己的行为感到骄傲，并觉得自己已经长大了。而当你和大宝单独出去玩时，更应该表现得比平常还要开心，甚至还可以故意向他"抱怨"说："今天终于不用照顾弟弟妹妹，能够和你一起出去玩，真是太开心了！"这样，大宝自然就会觉得，虽然妈妈平常忙于照顾弟弟妹妹，但妈妈的心思却全都在他的身上，如此也就安心了，以后他也会乐于帮助妈妈一块照顾好小宝宝。

二宝出生后，不要给大宝太多压力

你有没有这样的烦恼？自从生了二宝以后，以前很乖巧听话的大宝好像没那么听话了，学习也不再那么用功。你以为是孩子到了叛逆期，其实可能是因为二宝的出生给大宝带来了威胁，他在用这种方式向你们表达不满和抗议。

张女士的孩子晓晓12岁，既聪明又伶俐，在市里的一所重点小学上学。在三年级以前，晓晓的学习成绩非常不错，但自从上了三年级后，成绩就开始不断下降。

这可把张女士急坏了，为了提高晓晓的成绩，她不但平时给孩子请了家教，周末还给孩子安排上作文、数学、英语等辅导班。但是，钱虽然花了不少，晓晓的成绩仍然是越补越差，而且越来越不听话。有时候放学了还故意逗留在学校，不愿回家，张女士只好亲自去学校接她。

朋友们听说晓晓已经上六年级了还要大人去接，都认为张女士太娇惯孩子了。只有张女士心里明白，如果自己不去接，孩子就不回家。

现在晓晓上课不好好听讲，被老师批评了也不知道羞愧，好像一切都无所谓的样子。晓晓马上就要面临小学毕业，如果成绩再这么下去，就只能上一个普通中学，将来就有可能考不上好的大学，那她这辈子就毁了。

为了教育好晓晓，让她好好学习，张女士费了不少心思，并多次与晓晓谈话，不断开导她。而晓晓呢，也不跟妈妈争辩，就这么听着，但是听完之后，该干什么还是干什么，没有任何改变的迹象。张女士在无奈之下，只好找来了晓晓最崇拜的表姐丽丽，并拜托她与晓晓好好说一说。丽丽在省内的一所大学读教育心理学，脑子比较聪明，思维也相当活跃，曾代表学校参加过多次辩论大赛，还拿了奖，这使晓晓对她崇拜得不得了。

　　丽丽来到家里，晓晓果然很开心，拉着丽丽说个没完。这时，张女士找了个借口出去。

　　经过交谈，丽丽才了解了一些具体的情况：原来，晓晓最大的愿望就是到周末的时候，能有自己的时间，可以上上网，到班上的 QQ 群里跟同学们聊聊天，但妈妈却不让她上网。而平时，晓晓除了上课以外，还要上补习班，回到家时，还要帮妈妈照顾妹妹，根本没有属于自己的时间，更别说有什么娱乐活动。所以，在晓晓看来，妈妈实在太偏心了，只爱妹妹，妹妹想要什么就给什么，而自己周末想上上网都不可以。于是，晓晓开始从之前对妹妹的喜欢，渐渐变成了嫉妒、讨厌，但她不敢将这些情绪表露出来，只是变得不愿意去学习，不愿意回家，觉得自己根本就不像父母亲生的。

　　丽丽将这些情况告诉了张女士之后，张女士又回忆了一下，才想起晓晓确实说过他们只喜欢妹妹。张女士当时也没怎么在意，因为她觉得小女儿还那么小，所以自己可能不自觉地处处向着小的，但她从来没有意识到这会成了孩子的心病。

最后，丽丽提醒张女士，当原本的家庭结构发生变化时，家中的每个成员都会有些不适应，特别是先出生的孩子。

妹妹在晓晓9岁的时候出生，妹妹的出现，给晓晓的生活方式、习惯都会带来不同程度的影响。这种被动适应的压力，也会加重孩子的不安，在这种情况下，学习成绩难免下降。这时，张女士在没有弄清原因的情况下，盲目给孩子报了那么多补习班，无形中又加重了晓晓的负担。这样一来，晓晓的心理压力也越来越大，最终出现了厌学情况。如此恶性循环，晓晓的学习成绩怎么能好？

晓晓放学之后不愿回家，实际上在她的潜意识里，希望能够引起父母的重视，得到父母特殊的关注，是一种无意识的拒绝成长的表现。面对父母对自己的不理解，她想上网和同学聊天，只是想将自己内心的压力释放出来。而母亲的盲目干涉，又加重了她不满、压抑的情绪，当她的负面情绪无法得到释放，自然也就会影响到她的学习成绩。

因此，我们建议家里有两个孩子的家长们，一定先了解并尊重孩子的感受，在日常生活中要让大宝感受到父母对两个孩子是平等的。另外，请孩子帮忙做一些力所能及的事情，当孩子圆满完成之后，也应及时表达谢意并给予鼓励，孩子在父母的肯定中会产生优越感，变得越来越自信，自卑感也就慢慢消失了。

二宝出生后，尽量不要扰乱大宝的生活

　　家里多了一个小宝，对于大宝来说，是喜还是忧，主要取决于父母如何引导。只要父母引导得好，大宝就会愉快地接受小宝，并乐于承担起哥哥的角色，帮助父母照顾好弟弟妹妹。当然了，父母在对大宝进行引导时，也要根据大宝的实际年龄大小，采取不同的方法。

　　曾经在某电视台举办的"最萌宝贝秀"中获得极高人气的子墨姐妹俩的出生，主要得益于当时"双独二胎"的政策。

　　"我和爱人都是独生子女，从小都是生活在城里，只要门一关，就谁也不认识谁。从记事的时候起，我们就一直生活在孤单中，很理解独生子女的感受，所以结婚后，我们就想着一定要生二胎，给孩子一个伴儿。"子墨妈妈当初之所以决定生二胎，就是为了弥补自己没有兄弟姐妹的遗憾。

　　有了二宝之后，虽然在家庭开支上又增加了一些负担，但由于姐妹俩只相差5岁，所以在衣服和玩具方面上的开支可以省下不少，妹妹只管穿姐姐留下的衣服就可以了；而姐姐玩过的玩具，现在姐妹俩还可以一起玩。所以，从总体感觉来看，还是快乐多于负担。

　　"很多孩子都不想让自己的妈妈再生一个弟弟妹妹，但子墨却很期待，自从我怀了二宝后，她就天天盼望着妹妹早点出来，可能是因为喜欢当姐姐吧。因为在这之前，我们曾经跟她说过当姐姐的很多好处，比如当了姐姐之后，不但有小宝宝可以抱，而且以后还可以随时有

人跟她玩。"

"现在终于有人叫我姐姐了，还有人陪我玩，真让我开心，肉嘟嘟的小妹妹特别可爱。我平时没事就喜欢抱抱她。"现在已经上小学的子墨，经常这样向别人炫耀自己的小幸福。

"现在子墨已经上小学了，功课上开始有一些压力，所以也不能让她们总在一起疯玩。晚上姐姐做作业的时候，必须把妹妹抱到另一个房间去，不然她老跑到姐姐跟前去闹，这会让姐姐分心，无法专心做作业。"子墨妈妈在谈到这对姐妹俩的时候，脸上洋溢着满满的笑容，看得出她的内心确实充满了幸福。

虽然每个孩子都比较自我，但在他们内心的深处，仍然有自己的需要，需要父母，同时也需要能和自己玩得来的玩伴。也就是说，在每个孩子的潜意识里，都需要兄弟姐妹，只是这个弟弟妹妹到底是抢夺父母关爱的威胁者，还是霸占自己玩具和房间的入侵者，或者是亲密的玩伴，孩子不清楚。如果父母觉得小宝比大宝可爱，偏爱小宝，并处处看大宝不顺眼，那就完了，兄弟之间的矛盾，乃至于家庭之间的矛盾便会因此而埋下。

兄弟之间能否成为朋友，主要取决于他们之间有没有互动；而兄弟之间有没有互动，又取决于父母的态度和引导。

不过，有一项调查也让"非独"的父母比较担心，那就是"非独"的孩子虽然乐于分享，获得很好的人缘，但在学习成绩方面，却明显不如那些独生子女。这到底是怎么回事呢？原来，这些"非独"的孩子在上小学时，他们的弟弟妹妹大都还在幼儿园，或者还没有上幼儿园，看到哥哥姐姐放学回家后，就开始缠着他们玩。这样一来，就使大宝无法安静下来复习功课，即使有些孩子能够抵制这种玩耍的诱惑，但学习的环境也得不到保证。因为在孩子放学的这个时间段，刚好是老人做晚饭的时候，父母又还没下班，所以很多孩子不得不一边写作业，一边照看弟弟妹妹，结果导致哪方面都没有做好，既没有玩得尽兴，也没有用心完成作业，出现字迹潦草，甚至错误百出的情况，直接影响到了学习成绩。

针对这种情况，父母可以让大宝合理安排学习时间。比如，在爸爸妈妈还没有下班回家之前，索性先放下书包，先陪弟弟妹妹好好地玩一玩，等吃完晚饭后，爸爸妈妈有空照看弟弟了，再开始专心写作业。大宝在陪弟弟妹妹玩耍时，可以一起看看课外书，并给弟弟妹妹讲讲故事，这实际上也是一种课外学习的方法。

二宝出生后，体谅大宝的"退步"

在有二宝的家庭里，往往会出现这种情况，大宝的某些心理状态会通过一些"退步"现象表现出来。比如，他原本已经学会自己吃饭了，但突然坐在饭桌面前不动，等着妈妈来喂，如果妈妈不喂，他就不吃；或者在妈妈给弟弟妹妹喂奶时，冷不丁地把奶瓶夺过去自己喝等。这实际上是大宝的内心有了失落感，正试图通过这种"退步"的方式，引起父母的关注，用一句时髦的话来说，就是"求安慰"。这时，如果父母不了解他的真实意图，只是生气地训斥他不懂事，责怪他故意捣乱，那就会让他更加失望，后果也将更加严重。

那么面对上述的情况，父母应该怎么办呢？对孩子进行训斥固然不对，但一味的纵容也不是长久之计。这时，父母不妨用一些幽默的话来提醒他，"你是不是想变回一个婴儿，像弟弟那样满地爬？"或者用一种温和的语气来劝慰他，例如："你需要妈妈为你做些什么呢？"

当父母对大宝的这种"退步"表示理解，并从内心里真正体谅他的时候，他自然就会意识到自己的幼稚，并觉得这样做并不怎么舒服，自然就会停止那些"退步"的行为。事实上，每个人都是喜欢自由的，孩子更是如此。仔细观察你会发现，在吃饭的时候，每个孩子其实都喜欢随心所欲地挑选自己喜欢吃的东西，这样他会感觉比较舒服；如果只吃妈妈喂的饭，只喝毫无味道的婴儿奶粉，这对他来说根本不是一件愉快的事情。而大宝之所以要做这些让自己觉得不自在，也不舒服的事情，不过是通过"自我折磨"的方式来换取父母的关注，希望父母能够像过去一样关心自己，爱护自己。也就是说，事情本身并不重要，真正重要的是透过这些事情了解到了什么，或者能够得到什么，这才是孩子真正关心的问题。

如果父母不了解这样的事实，只是看到孩子在自己面前故意捣乱，并因此而对其进行训斥，甚至惩罚的话，大宝就会觉得，在父母的心目中，自己不如弟弟妹妹；或者因为弟弟妹妹，才使自己得不到父母的重视。当他有了这种意识之后，便会将自己心中的愤怒转到弟弟妹妹身上，对他们采取粗暴恶劣的态度，甚至用暴力的行为来对待他们。为什么会这样呢？因为当大宝对父母之爱的渴求得不到满足时，往往会因为异常愤怒而把弟弟妹妹当成了出气的对象。

其实，不管是亲兄弟，还是亲姐妹，基本上都是大宝对小宝的嫉妒情绪更多一些。毕竟在弟弟妹妹到来之前，大宝原本独享父母的爱，而现在弟弟妹妹却分走了父母的爱。大宝甚至会觉得父母更关注弟弟妹妹，而忽略了自己。所以，父母一定要给大宝多一点关注，允许他撒撒娇，并告诉他：父母还是像从前一样爱他，只是因为他长大了，比弟弟妹妹更懂事，更能干，父母才更信任他，所以父母选择放手；而妹妹还小，还不懂事，能力也小，所以还需要父母照顾。

总之，对于大宝的一些"退步"行为，父母一定要尽量给予体谅，并及时进行安慰。同时，在条件允许的情况下，要想方设法让他积极参与到照顾弟弟妹妹的活动中来。父母可以让他做一些诸如递奶瓶、和妈妈一起给弟弟妹妹换尿布之类的事情，使他意识到弟弟妹妹比他更弱小，更需要大人的照顾。而在照顾弟弟妹妹的过程中，他也会逐渐意识到自己已经是"大人"了。既然他觉得自己是"大人"，那他就不会允许自己再"退步"，而是想办法让自己不断地"进步"了。当他有了"进步"的愿望之后，他的行动就会和以前大不相同，他就会越来越进步，越来越优秀。

二宝出生后，如何让大宝快乐地接受二宝？

家里有了二宝，对于大宝来说，生活发生了巨大的改变，因此他需要一个适应和接受的过程。所以千万不要认为他应该理所当然地接受这个弟弟妹妹，虽然我们大人都会觉得"有个伴儿多好啊"，但这往往只是我们一厢情愿的想法，而孩子却并不领情。毕竟，家里突然添了一个比自己还小的宝宝，对于大宝来说，到底是敌是友还不清楚。尤其是小宝出生之后，大人对于小宝的关注程度，更是让大宝的内心感到不安，大宝自然就会出现抵触的情绪。

32岁的向女士育有一个女儿和一个儿子，女儿是大宝，今年已经5岁，儿子还不满周岁。向女士也和其他的父母一样，因为儿子还小，与女儿相比，对儿子的照顾会相对多一些。让向女士感到欣慰的是，女儿并没有因此而表现出任何不满的情绪。

然而，最近一段时间，向女士却发现儿子的身上总是青一块紫一块的，开始她觉得可能是因为保姆没照顾好，所以也没太往心里去，只是提醒保姆，以后照看孩子要细心一些。有一次，向女士在上班时间，因为有点东西需要回家拿。当她回到家里时，发现保姆正在厨房里忙着做饭，女儿则一个人在衣柜前专心致志地玩，却一直不见儿子的踪影。向女士觉得有些奇怪，便问女儿："弟弟呢？他在哪里？"但女儿却没有搭理她，于是她把女儿拉开，然后打开衣柜，这才发现儿子正躺在一堆衣服上睡得正香。

在向女士的一再询问之下，女儿才说出是自己把弟弟给藏起来的，并承认弟弟身上的伤是她掐的。当向女士问她为什么要这样做时，女儿突然理直气壮地说："因为你们都只喜欢弟弟，不喜欢我了，所以我要把弟弟藏起来，不要你们找到他……"

从这个案例中，我们不难看出，向女士自从有了小儿子之后，就忽略了大女儿的感受。实际上，只要在日常的生活中，她稍微用心关注一下女儿，应该就不难发现女儿内心的变化。要知道，虽然作为女孩，她心里的变化是很细微的，但也不可能不在情绪上表露出来她内心的无助。

我们都知道，如果家里有两个孩子的话，老大往往会产生危机感，担心父母对自己的爱会被夺走，内心开始产生焦虑的情绪。而更令他难受的是，弟弟妹妹刚出生时，父母关注的重心突然转移，给他的爱明显比以前他一个人的时候少了，老大自然会因此产生失落感。老大也许会恨父母，但不一定会向父母表达不满，也许会将一腔怒气转移到比自己还小的弟弟妹妹身上。上述案例中，向女士的女儿，就属于这种情况。

或许你会觉得，老大和老二之间本来就血浓于水，他为什么就不能接受家里多一个弟弟妹妹呢？没错，血浓于水是与生俱来的，但并不意味着他们就能够一见钟情，毕竟手足之间的感情还是需要慢慢地培养。所以，当你有了二宝之后，千万不要强迫大宝接受二宝，而是应该先培养他们的手中之情。要培养这种手足之情，最好在二宝刚出生时就开始，甚至在打算要二宝的时候就要开始了。

有一位网名为"叶子"的网友在某个亲子论坛上发了这样一份求助帖："前几天在家吃饭时，我和老公说起想再生二宝的事，结果我那5岁的女儿一听，马上就哭闹起来，大声嚷着说：'你们不要再生了！我不想要弟弟妹妹！'我和老公当时就被女儿这种激烈的反应惊呆了。婆婆也赶紧放下碗筷，试图劝说女儿，可是女儿根本听不进去，一边哭着一边摔下饭碗，跑回房间，把房门关上，再也不肯出来了。第二天吃饭时，她又质问我们：'你们到底爱不爱我？'我慌忙地回答：'当然爱！'结果她又反问：'既然你们爱我，为什么还要再生一个？'把我问得哑口无言。各位二胎的妈妈，你们当初打算要二宝的时候，到底是怎么和大宝说的呢？"

其实，很多计划生二胎的父母们在与大宝进行沟通时，往往也会遇到像"叶子"这样的情况，遭到大宝的强烈反对。为什么会这样呢？依据杜恩和肯德里克对儿童如何接纳新生婴儿的一项研究表明，随着第二个婴儿的出生，母亲对大宝的关注会相应减少，而如果大宝已经超过两岁或者年龄更大，就非常容易地感知到与父母间的亲密关系会因为弟弟妹妹的到来而破坏。因此大宝在面对妈妈孕育二宝时，就会出现矛盾复杂的心理。有时，即便大宝最初同意妈妈生小弟弟或者小妹妹，而当发现妈妈真的怀上二宝时，大宝的情绪也会出现反常。例如大宝会反复地和妈妈确认"妈妈，你是不是很爱我？""妈妈，你会一直爱我吗？""妈妈，小宝宝出生后，你还会爱我吗？""妈妈，我想家里就只有我一个孩子就好了，咱们还是别要小宝宝啦。"

因此面对上诉的情况，作为父母应该如何做才能让大宝快乐地接受二宝呢？

★ 孕育二宝时就要开始做前期的教育引导，打消大宝的危机感

·妈妈要做好语言情感沟通

打算生二宝的妈妈，一定要先通过语言交流做好大宝的思想工作，而且在沟通的过程中一定要耐心。例如常常告诉大宝：以前怀你的时候，全家都忙活着照顾你，以后弟弟出生，大家也会像以前照顾你一样照顾小弟弟，让他预先知道以后的情形。妈妈也可以在每天讲睡前故事时，经常地告诉大宝："不管妈妈又生几个孩子，你永远是妈妈的大宝贝。"妈妈更要善意地提醒周围的亲友和邻居，不要守着大宝说"有了小宝宝后，妈妈就不爱你了"之类的话。面对大宝时，妈妈要时不时地给大宝打预防针并告诉他，"如果有人对你说妈妈有了小宝以后就不爱你了的时候，你可以理直气壮地告诉他们，不会的，妈妈会永远爱我的。"

·让大宝参与妈妈的整个孕期过程

当妈妈怀上小宝之后，妈妈要学着经常与大宝谈论肚子中的小宝贝，在生活中潜移默化地让大宝喜欢上即将出生的弟弟妹妹。试着和大宝说：弟弟妹妹就住在妈妈的肚子里，他还是那么的弱小，需要我们的关爱。也可以通过让大宝照顾布娃娃、抚摸妈妈肚子、与小宝对话、陪妈妈一起置办小宝宝的生活用品等方式，让大宝与父母一起期待弟弟妹妹的到来。在小宝还未出生以前，妈妈可以有意识地培养大宝的分享意识，例如在每次整理大宝的衣物时，对他说："这件衣服你穿太小了，留给小宝宝穿吧！"整理玩具时，可以对他说："这个玩具你现在也不适合玩了，留给小宝宝吧！"整理大宝的绘本时可以说："这

些简单的绘本，留给小宝宝吧！"长此以往，大宝会慢慢地接受小宝并学会分享，也会说："妈妈，这个东西我们给小宝宝留着吧！"

·让大宝明白有弟弟妹妹的好处

主要是让孩子明白，生弟弟妹妹是爸爸妈妈自己的事情，而且还是好事，因为弟弟妹妹是爸爸妈妈送给他的一份非常珍贵的礼物。最关键的是，在这个过程中，一定要让大宝了解父母对他的爱不会因为弟弟妹妹的到来而减少，他原本享受的爱和温暖并不会改变，他的生活只会越来越丰富多彩。而且还要告诉大宝："在这个世界上又

多了一个爱你的人。""小宝宝长大后就会和你一块玩耍，走到哪里都会像跟屁虫一样跟着你到哪里，而且不会像其他孩子需要提前预约与他们玩的时间。""而且以后，弟弟妹妹有不懂的问题，你就可以当小老师了，这会让你非常有成就感。"

⭐ 在二宝出生前后，妈妈要确保大宝在家中永远唯一的地位

很多父母们在小宝出生之后，由于忙着照顾小宝，容易在无意中忽略了大宝的感受。尽管有很多孩子在表面看起来很懂事，还会帮父母一起照顾小宝，但他的心里却未必是快乐的，甚至还会很难受。

蕊蕊的妈妈就有过这个教训，在小宝出生之前，她觉得已经给蕊蕊很多的渗透，以为她会欣然接受小宝了。然而，在现实中却还有很多之前根本无法想到的问题继续困扰着她。在刚开始的时候，蕊蕊只是跟弟弟争妈妈，不让妈妈抱弟弟；后来又转移对象，看住爸爸，只要妈妈想让爸爸过去帮忙，蕊蕊马上就会蹿到爸爸身上，拉住爸爸；有时候，还会莫名其妙地发脾气并大哭起来。

·在小宝宝出生前后，妈妈们都很辛苦

妈妈怀了二宝，产前要克服怀孕所带来的各种身体不适以及情绪上的波动；生下二宝之后，要让自己的身体在产后得以恢复，还要亲力亲为地给小宝宝喂奶、换尿片、

洗澡等。显然照顾大宝的时候妈妈有些力不从心，但是为了大宝的身心健康，作为妈妈也应该竭尽所能地把家中原本属于大宝的资源继续留给大宝。在怀孕期间，妈妈要尽可能多地陪大宝讲睡前故事，和以往一样陪大宝去幼儿园，照顾他的生活起居。这样大宝在妈妈孕育二宝的时候，就会觉得妈妈依然还是属于他的妈妈。

·新生命的到来，每个家庭成员都要适应

然而，一个新生命的到来，家庭中必然会发生翻天覆地的变化，家庭中的每个成员都要适应。无论大宝之前多么信誓旦旦地说要帮妈妈照顾新出生的弟弟妹妹，但当亲眼看到妈妈一天 24 小时都在搂抱着那个小婴儿而不能抱自己时，他的心里一定非常伤心难过。其实，孩子就是孩子，他的心灵永远是敏感的、脆弱的、善变的，但实际上，他们最需要的，只是妈妈的拥抱和一个爱的承诺。

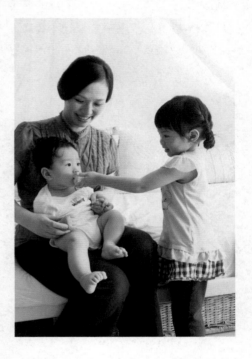

所以，在小宝出生之后，父母千万不要以照顾小宝为由，而忽略了大宝的存在和感受。尽管有其他家庭成员的照顾，但妈妈在大宝心中的地位是任何人都无法替代的，所以作为妈妈无论有多么辛苦都要尽量多地和大宝亲密。要知道妈妈的一个吻、一个拥抱要比任何人都管用，也会让大宝更容易感知妈妈的爱，让大宝觉得他在妈妈心中的地位是独一无二的，无可替代的。某一天，你会发现大宝已经不再对妈妈照顾小宝时表现出嫉妒愤怒的情绪，因为大宝已经明白妈妈有时要照顾小宝，有时也会照顾他，他无须嫉妒。

★ 让大宝逐渐适应家有二宝的生活

·让大宝逐渐参与到照顾小宝的过程中来

大宝在面对家里又多了一个比自己小的小宝时，作为孩子要适应这样的变化是需要时间的。妈妈们应该理解大宝内心的感受，不要过于强迫大宝要立刻接受小宝。凡

事都要有一个过程，而这个过程需要妈妈充满智慧的引导。孩子的参与意识都非常强，所以要想让大宝尽快地接受刚出生的弟弟妹妹，最好的办法就是让大宝尽快地进入角色，让他直接参与到照顾小宝的日常生活中来。

妈妈可以尝试着让大宝抱抱刚出生的小宝宝，面对柔弱的小宝宝时，大宝的内心一定会非常兴奋，也会激起大宝的保护欲，为日后建立亲密的手足关系奠定基础。可以让大宝帮助妈妈做些力所能及的事情，比如可以让大宝拿湿巾、小宝宝洗澡用的毛巾、护肤霜等，但前提条件是不要逼迫大宝做他不愿意做的事情。让大宝参与到照顾小宝宝的日常琐事中来，让他体会到照顾他人的乐趣，这样他就会慢慢接受这个刚出生的小宝宝。而且随着年龄的增长，大宝也就会逐渐地明白，照顾弟弟妹妹也是他的责任，为将来培养手足之情打下良好的基础。

另外，有许多二宝妈妈过分遮遮掩掩，小心翼翼，不敢在大宝面前过分亲密小宝。我认为这是不可取的。因为过分的遮掩对小宝的亲密好似掩耳盗铃，只会增加大宝的好奇心。别以为大宝年龄小什么都不懂，其实现在的孩子比我们想象的还要成熟，他们的小头脑里什么都明白。大宝会不断猜想他不在的时候，妈妈是如何对待二宝的。一旦有一天被大宝发现妈妈对小宝亲密时，会引发大宝的嫉妒情绪，而嫉妒就像一把双刃剑，不但伤了别人，也会对大宝的身心造成不可弥补的伤害。

而且妈妈这样遮遮掩掩的亲密，也会影响妈妈与小宝之间的抚触交流，会影响小宝的身心健康发展，这样做对小宝也不公平。所以与其遮遮掩掩让大宝陷入猜忌和嫉妒的深渊，不如让妈妈的爱暴露于阳光之下，拉着大宝和小宝一块在床上做亲密无间的动作，当三个人在床上玩在一起时，大宝怎么还会介意妈妈爱谁多一点呢？又如在

给小宝喂奶时，不妨把大宝也搂过来，这样就拉近了孩子的距离，而且也不觉得妈妈有什么偏心了。要让孩子知道妈妈并没有因为二宝到来而顾此失彼，二宝到来会给他带来很多意想不到的生活乐趣。

PART 5

相爱简单，相处不难

兄弟姐妹都是同一个父母所生，古人将其比喻为手足，也就意味着是有血缘之亲的人。家有二宝的家庭能否幸福和睦，兄弟姐妹之间的相处占据着举足轻重的地位。然而，家有二宝的父母，往往都会遇到这样的情况，那就是两个宝宝经常会争风吃醋，甚至为了一点小事而闹得不可开交，互不相让。诚然，兄弟姐妹天天生活在同一个屋檐下，出现矛盾和纠纷是在所难免的。

这个时候，父母如何处理，就显得极为关键了。父母如何才能让兄弟姐妹间做到互相关爱，互相帮助，在产生矛盾时能够做到互相体谅，互相谦让呢？父母如何才能避免将小事弄大，避免伤害他们的手足之情呢？

这就需要父母了解手足之间的相处之道，让手足之相爱简单，相处也不难。

专家解读手足争吵案例

两个孩子一起成长，既是互相的玩伴，同时也创造了大量的学习处理人际关系的机会，可以说好处是相当多的。但是，家中两孩，也会出现一些让人头疼的问题，比如两个孩子该如何相处等问题，一直困扰着那些自己本身就是独生子女，没有与兄弟姐妹相处经验的父母们。

为了帮助年轻的父母们学会平衡两个孩子之间的关系，让他们和睦相处，共同成长，我们专门对一些幼儿园、小学等教育进行了调查，而且还请教了一些老师与儿童心理学专家。下面我们就将一些比较有代表性的案例和专家的建议与大家一起分享。

案例一 两个孩子相互争宠

张霞有两个女儿，大女儿 5 岁，白天在幼儿园，晚上到爷爷奶奶家里睡；小女儿刚满 3 岁，准备上幼儿园。平时张霞和爱人工作都很忙，根本没办法兼顾两个孩子，

只有吃饭时才和大女儿在一起。小女儿最喜欢哭，如果自己想得到什么而没有如愿，就开始哭闹，直到父母满足她的要求。当两个女儿发生矛盾时，为了避免小女儿哭闹，父母也只好委屈大女儿。然而，时间一久，张霞就开始发现，大女儿越来越沉默，而小女儿则越来越过分，她很想改变这种情况，调节一下姐妹俩的关系，却不知道从何入手。

专家支招： 父母千万不能惯着小宝

在这个案例中，由于妹妹一直在父母身边生活，而姐姐则由爷爷奶奶来带，所以妹妹便会理所当然地将姐姐视为"侵略者"。而作为妈妈的张霞，由于害怕小女儿哭闹，一次次地迁就她，纵容她，结果把她给惯坏了。针对这种情况，张霞只有及时反省自己，改变策略，才能平衡两个女儿的关系。同时，作为父母，一定要做到明辨是非，当两个孩子发生矛盾时，千万不要偏听偏信，要做到两个孩子的话都要听，并通过自己的分析，了解事情的真相。如果是妹妹的错，那就要当着姐姐的面惩罚她，这也是在告诉姐姐，父母并没有偏袒妹妹，同时也让姐姐知道，父母的惩罚是针对做错事的人，而不是针对自己。

案例二　偏爱聪明的孩子

小佳是小俊的哥哥，兄弟俩相差3岁，小佳比较聪明，而小俊则显得有点笨拙，所以父母平常都偏爱小佳。对于笨拙的小俊，父母有时会忽略他的存在，甚至对其进行挖苦讽刺。尤其是爸爸，动不动就说："两兄弟都是我生的，条件和教育的方法都一样，为什么哥哥比较聪明，而弟弟却那么笨呢？"结果，哥哥凭着自己是大宝，又仗着父母的宠爱，根本就不把弟弟放在眼里，还动不动就欺负弟弟。这样

一来，就使哥哥越来越霸道，而弟弟则一直忍气吞声，以致兄弟俩在日常生活中根本没有任何交流。

专家支招：多看笨孩子的优点

每个人都喜欢聪明的孩子，不喜欢笨孩子，这是大人们的普通心理特征。实际上，没有一个孩子是一无是处的，每个孩子都有闪光点，也都有缺点，就看父母怎么去看，能否看得全面了。比如，聪明的孩子会有骄傲、自负等缺点；而笨孩子有的就比较踏实、认真。另外，由于年龄的差距，即使是亲兄弟、亲姐妹，孩子的发展目标和能力也都不一样，这就导致他们会有某些差距。因此，作为父母，要善于发现每个孩子的优点，并鼓励他们互相学习，取长补短。

案例三 两个宝宝总是吵架

欧阳女士的大女儿 6 岁，小女儿 4 岁，不知道从什么时候开始，她发现姐妹俩总是动不动就吵架，你揪揪我辫子，我踩踩你的脚，谁也不让谁。更让欧阳女士头疼的是，两姐妹每天吵完架后，就争先向妈妈告对方的状，这让她颇感无奈，但又拿她们俩没办法。所以，怎么让姐妹俩好好相处，相亲相爱，成了欧阳女士当前最急于解决的难题。

专家支招：两个宝宝相差两岁以上，可让孩子自行解决

一般情况下，年龄相差在两岁以内的孩子发生冲突时，父母可以适时进行干预，帮助孩子解决；如果孩子的年纪相差在两岁以上，事情不严重，父母可以不用直接进行干预，只要告知解决的方法，让孩子自行解决就可以了。当然了，在孩子发生冲突时，父母一定要观察孩子到底如何解决，并了解孩子的底线，如果一个孩子越过另一个孩子的底线，或者发动攻击，就要及时进行干预，帮助孩子解决问题。

看了这么多负面的案例，你是不是觉得对自己没有信心了呢？其实，有问题是好事，因为只有现实的问题才能真正培养你解决问题的能力，只要你在培养孩子的过程中多用一点心，多动点脑子，你就会发现方法总会比问题多。

手足间常见争吵原因

在现实的生活中，我们经常会听到家有二宝的妈妈们抱怨，两个孩子经常在家里打架，而且屡教不改，实在让人心烦。的确，作为大人，我们十分理解面对孩子争吵、打闹时的这种烦恼，简直让人抓狂。不过，尽管如此，大多数人还是羡慕有两个孩子的家庭，这种打闹有时也是一种相处的润滑剂，特别是等他们长大后，再回想起这些童年的往事时，说不定也是一种美好的回忆。

很多老人往往会认为，既然兄弟姐妹拥有血缘关系，那么他们就应该彼此相爱，互相帮助。然而，在现实的生活中，很多事却与老人们的良好愿望恰恰相反。对于那些家有二宝的家庭来说，每天都在上演

着无数的喜怒哀乐。如果家里有两个男孩子，那么更多的可能是"刀光剑影"；而两个女孩子或者一男一女的家庭，很多矛盾可能主要体现在心理上。

作为父母，面对孩子之间的矛盾，往往无法让自己冷静下来，难以理性地对待问题，化解矛盾，也不一定能够找到周全的处理方式。而身处矛盾和冲突中的孩子，他们需要的不仅仅是我们的关爱和引导，更需要我们的理解和鼓励。

刘女士是两个女儿的妈妈，大女儿6岁，小女儿3岁半。有一次，姐妹俩在一起玩的时候，大女儿不知道因为什么事，气得一把将妹妹推倒在地上，妹妹顿时吓得大哭起来。刘女士急忙跑过来，十分生气，狠狠地打了姐姐的屁股，然后抱起妹妹走进卧室。姐姐一个人待在客厅里，坐在地上歇斯底里地大哭，而且还气得狂拍地板，并

要求妈妈抱她。刘女士当时正在气头上，一边呵斥她，一边命令她向妹妹道歉，她大喊"不"，并继续要求让妈妈抱她。刘女士于是下了最后通牒："我数到3，如果你还不道歉，我就不再理你！"这时，姐姐露出绝望的表情，又大哭起来喊道："对不起！"

平静下来之后，姐妹俩又继续一起玩，但没过一会儿，又突然传来妹妹大哭的声音。刘女士又急忙跑过来，还没等她开口，姐姐就先向她"解释"了："她的手被床头卡住了。"刘女士抓过小女儿的手一看，上面留下的明明是被咬的牙印！她看到了满是怨气和谎言的大女儿。

她原本想用自己的强势让大女儿明白，欺负妹妹是自己绝对不允许的底线，然而却激发了大女儿更强烈的逆反行为，反而伤害了妹妹。作为妈妈，虽然她可以再惩罚大女儿，但又怎么可能时时刻刻保护到小女儿呢？

于是，刘女士强迫自己冷静下来，不再说教，也没有再打骂大女儿。过了一会儿，大女儿没好气地将自己正玩的小玩具扔给妹妹，扔下一句"你玩吧"，就走开了，语气中充满了无奈。而妹妹则怯生生说了句："谢谢姐姐！"又追上去对姐姐说："我喜欢姐姐！"并很亲密地蹭着姐姐。姐姐终于忍不住笑了，可谓是一笑泯恩仇，又开始去逗妹妹，姐妹俩最后开心地玩到一起。

有了这次经验之后，刘女士便开始尝试着尽量让姐妹俩自己去解决矛盾。后来，

姐姐还是会忍不住向妹妹动手，要么打一下，要么推一下。妹妹在受到姐姐"欺负"后，会偷偷观察妈妈，看看妈妈有什么反应。每当这时，刘女士就假装没看见，当妹妹发现妈妈压根儿就没看见，也没打算帮她的时候，她也就变得从容了。甚至在被姐姐推倒之后，马上一骨碌爬起来，继续跟着姐姐跑，而且有时为了讨好姐姐，还帮姐姐拎鞋子。刘女士知道，在姐姐的训练下，妹妹的心理素质已经越来越好。只有在私下的时候，她才会向姐姐解释："妹妹还很小的时候，你都将她抱怀里，给她喂奶，虽然她现在长这么大了，但她还是比你小，她有很多不明白的地方，你要耐心一点，慢慢教她。"

姐姐在听了妈妈的这番话之后，也觉得自己是妹妹的姐姐，所以再遇到问题或者发生矛盾的时候，也学会了忍耐，不再动不动就对妹妹发脾气了。

从刘女士处理两个女儿矛盾的这个案例中，我们至少可以总结出这样几条经验：

· 两个宝宝在一起，发生一些矛盾是很正常的

大宝在情急之下推一下小宝，或者打他一下，本身也并没有什么恶意，只是他在跟小宝沟通的时候，手比嘴巴快了一点，下手重一点，仅此而已。对于这些小矛盾，两个宝宝本身都有化解的能力。这个时候，如果父母盲目地进行干涉，或者对大宝进行指责、打骂，那么就只会得到相反的效果。

· 当两个孩子发生冲突时，父母不要有过激的反应

父母的过激反应，往往会让大宝产生不安全感，觉得父母是偏爱弟弟妹妹，并因为弟弟妹妹而惩罚她。这样，他自然就会趁着父母不注意的时候，对弟弟妹妹进行变本加厉的报复。

· 大宝欺负小宝，小宝没有记仇

即使大宝经常欺负小宝，但小宝并没有记仇，更不需要父母过分的关心与呵护。因为他从心理上需要哥哥姐姐，并无师自通地学会以自己的方式去与哥哥姐姐相处。而父母的盲目干涉，只会让他对父母产生依赖感，并误以为不管自己惹了什么事，父

母都能够替自己摆平。

·让孩子在相处中学会处理矛盾的能力

虽然两个孩子都很小，但他们在相处的过程中，已经学会了处理矛盾的能力。通过上述分析，我们可以看出，孩子之间的矛盾和纠纷，实际上只是通过一些个别的行为，将孩子们内心世界的一个侧面表现出来而已。虽然兄弟姐妹之间打架是很正常的事，如果能够适可而止，倒也没什么坏处，但如果任其发展下去，就会伤害彼此之间的感情。所以，作为父母，对于孩子的打架，不用过于紧张，但也不能熟视无睹，除了做

好一些必要的防范措施以外，父母应先要了解孩子们的心理状态，分析手足吵架的常见原因，然后仔细地检讨一下，自己对孩子的教育方法和态度是否有需要改进的地方。

以学龄前的幼儿来看，手足吵架是不分性别的，不论是男男、女女、男女的组合都会吵架！但大宝也不是在二宝出生之后就会马上开始闹情绪或吵架，依据心理咨询师所言，若父母引导得宜，手足之间的吵架几率是可以降低的。

到底两个孩子为什么而吵呢？

第一种 为身体接触而吵

也就是说，他不小心碰到我的手，但我觉得那是在打我；或者是他从我身边走过，

脚不小心勾到我，但我觉得他在踢我……诸如此类，还有靠近我叫做撞到我、摸摸我叫做用力打我、看着我叫做瞪我等夸张的想法。因为身体的感觉是主观的，很难界定一个人的痛觉，所以只能尽量鼓励他们提高宽宏大量的雅量，降低超敏感的触觉感受度。

第二种 为争宠而吵

为了谁在爸爸妈妈心中最有分量，或是谁在妈妈面前最可爱，在爸爸面前谁最有想法，这种争宠之吵，常常在大人夸奖其中一人后，另一个孩子就蠢蠢欲动地开始他的争吵计划，准备和对方来一段因嫉妒而引发的"顺口溜"。这样的吵架常常在处理时就要格外的小心，爸爸妈妈需要多一点劝架技巧。不过是在吵架之前，先打一针爱的"预防针"，称赞大宝的同时，也要称赞小宝。

第三种 为了吵架而吵

为吵架而吵的理由更是让人摸不清头绪。"你刚刚说什么？怎么不告诉我？""我没有说什么啊？""明明就有！""哪有啊！""我听见你对妈妈说……"妈妈回答："没有啊！""就是有！"……俩人就像是在参加辩论会一样，为吵架而吵架，为反对而反对。这些理由让父母听了哭笑不得，不知道该如何对孩子们进行劝架。很巧的是这种吵架常常发生在密闭式空间，像是车子、房间里。

然而有的时候，这三种类型的吵架会轮番上阵。明明一开始两个小孩都玩得很开心，到后来却演变成怒目而视，甚至动起手脚，紧接着就会有一个人大哭大叫，另一个也就跟着开始哭闹。这时候爸爸妈妈就会不由得皱起眉头，双手叉腰……但是爸爸妈妈为什么不想一想孩子为什么会用吵架的方式来表达不同的意见？父母是孩子的模范，孩子的一举一动都会反映出父母日常的行为举止。此时，不妨趁机稍作反省，当平日遇到纷争时，你是坐下来好好谈，还是避而不谈，或者是以吵架的方式谈？

4 技巧 3 心态有效减少手足争吵

家里有多个宝宝的父母可能会有这样的感受："一个孩子刚刚好，两个孩子有点吵，三个孩子简直要吵翻天。"当家长面对手足争吵时，往往感到无奈又不知所措。其实父母的行为和心态，皆会影响孩子之间的感情，错误做法甚至会演变成孩子纷争的来源！父母往往有意无意间就犯了以下的教养错误。

> 错误 1： 两人抢东西，要求大宝应该让着二宝。
>
> 错误 2： 对二宝或可爱的孩子比较溺爱。
>
> 错误 3： 存在比较心理，例如小宝的学习要向大宝看齐。
>
> 错误 4： 存在性别歧视，认为女生做家务理所当然，男生不用做也没有关系。
>
> 错误 5： 认为大宝照顾小宝是他的义务。
>
> 错误 6： 要求小宝一定要听大宝的话。

快来检查一下您是否犯了以上的教养错误。

以下分别从技巧与心态层面，告诉父母们如何减少手足争吵，以及在面对孩子争吵的局面时，应有的心态及该注意的原则。

 当家长面对手足争吵的火爆局面时，先深吸一口气！暂缓暴怒的睥气，用平和理性的方式解决才是正道。

·不要怕争吵

建议父母，不要怕孩子争吵，虽然当时会很烦，但父母应该学会观察等待，不要立即介入或者回应，先让他们学会自行处理，反而有助于建立其容忍、独立、慷慨大方的品质。

但是如果冲突扩大，甚至有爆发肢体冲突或者危害安全时，家长应该立即介入停止孩子之间的暴力冲突，并告诉孩子暴力是不好的，不但让大家不愉快，也无法解决问题，建议他们应以其他的方式解决问题。

家长不一定要听孩子争辩，或是当裁判去判定谁对谁错，因为现实生活并没有完全公平的处理方式，家长若强行介入判断是非，即使家长觉得再公平不过，但是总有一方会觉得你偏袒另外一方。所以，你与其告诉孩子是为了公平才这样做，倒不如说我爱你们才这样做。因为孩子之间的竞争，常是看谁能获得父母多一点的疼爱。

·减少互相比较

比较原本是家长希望激励孩子的方式，动机是好的，但"比较"却有贬低另一方的意思，所以尽量不要在孩子面前进行比较，譬如父母对妹妹说："如果你的功课能像姐姐一样棒，我就不用烦恼了。"相对就是让孩子产生自己功课差、头脑比较笨、姐姐学习比较好的想法，通常比较对行为的改善没有必要的帮助，反而可能埋下日后冲突的导火线。

·给予温暖的爱意

父母之间相处得越是愉快，家庭氛围越是融洽，这种手足之间的冲突就会越少；相反的，父母之间发生冲突，幼儿往往能听在耳朵里，心知肚明，因而常会用行动来转移父母亲的焦点。比如用破坏或争吵来呈现，造成更多的冲突和责骂。

当孩子觉得自己获得足够温暖的爱时，心里感到安全和温暖，他们就不会去嫉妒父母对其他手足的关心。所以手足之间发生冲突时，父母必须警觉是否因为平日工作忙碌而忽略了对子女的关爱。父母要记得关爱并不是给予物质、金钱上的满足，而是陪孩子一起游戏，关心他喜欢的事，适当地给予赞美、肯定等情感上的交流。

·将冲突化为向上的动力

冲突常见的源头是竞争，孩子之间的争吵往往是比较谁能获得父母的认同。比如当哥哥的觉得弟弟占有他原本的位置，获得原本属于他的爱时，大部分会产生嫉妒的感觉，因此对弟弟有愤怒攻击的倾向。此时，父母千万不要觉得以后就会改善，而不去关心哥哥的感受。即使哥哥没有太过激烈的反应，也要尽量理解哥哥的想法，让哥哥能够一起协助弟弟。比如当他能够帮忙拿尿布，并且在不经意间做出协助时立即

给予赞美；或是当孩子们在抢玩具时，若哥哥适当分享玩具并且协助弟弟完成，应立即赞美哥哥已经长大，会帮助别人；让哥哥能适当让出他目前所拥有的东西，以其他的表现来获得认同，哥哥慢慢就会不再执着霸占原本属于他的东西。

 其实手足之间发生争吵在所难免，大多属于争吵的现象，多数家长也能应付的来，所以让家长不必过度反应，但在心态上需要注意几个原则。

· 减少不必要的情绪反应

多数家长在见到子女做出他们不喜欢的行为时，往往会大声斥责，甚至处罚孩子，但幼儿却不清楚为何被罚，也不知道究竟应该怎么办。有的父母在众人面前修理孩子，只会让孩子觉得没有面子，反而容易让孩子学会以逃避的方式面对问题。例如哥哥弟弟在玩耍时，弟弟不小心受伤，父母可能急着怪罪哥哥怎么不小心让弟弟受伤。有过这样的经历后，哥哥再看到弟弟摔倒在地时可能无动于衷或者干脆走开。所以建议在安全的情况下，可以先不动声色，之后再将孩子分开讨论其想法。最好先肯定他的动机是好的，再讨论应该如何做。孩子会得到更好的教育，也保全了他的面子。

· 适当地请他人协助

当你觉得情绪控制不佳或者压力太大时，试着请配偶或者其他亲友协助处理，以分担压力，所谓人急则无智。毕竟不说话或者不处理影响就只一次，但是如果说得不恰当，影响到孩子的自尊心或自信心，那可不是只影响这次而已。家长在处理孩子纷争时，应该先注意自己的情绪，可以先观察等事后处理；倘若自己的情绪波动较大，那就请他人协助处理。

· 避免体罚或者情绪性的处罚

不适当的情绪处理过程中，切忌用体罚或者情绪处罚的方式，因为这两种处罚只会增加孩子的羞耻感，并且让他以为暴力可以解决问题，对孩子的成长极为不利。一般来讲，限制或隔离是比较恰当的处罚方式，例如限制其短暂的行动权利（如罚坐、罚不能出去玩等），但一定记住时间不宜太久，否则会使孩子丧失改变的动机。当手足之间的冲突激烈到无法自我克制时，可将他们短暂隔离至其他的地点，以缓解孩子的情绪，隔离时间控制在30分钟以内，隔离的地点是不可以玩乐的场所，否则效果不佳。

减少手足间争吵的必备招数

　　无数的事实已经证明，孩子的心理也和大人一样，生气的时候会丧失理智，但只要等他冷静下来，其实什么都明白，都懂得是非对错。所以，面对孩子之间的矛盾和冲突，需要父母能够多一点耐心，并能够客观地看待问题，做到不偏袒任何一方，这样才能让孩子们有足够的安全感和尊重感。

即使孩子之间的矛盾比较严重，冲突比较激烈，父母也应保持冷静，不要急于把自己的观点强加给孩子，而是应该在了解事实真相的前提下，引导孩子去寻找正确的解决方法。最为重要的是，作为父母，一定要给予孩子足够的信任和空间，相信孩子的心中都有正确的是非观，并尽可能留给他们自我思考和自我判断的空间，使他们在自我磨炼中学会兄弟姐妹的相处之道。

❀ 专家教父母减少手足争吵的必备招数

第一招 不吼叫示范法

　　每到孩子争吵到尖叫，作为父母的你们就以吼叫来制服？心理医生提醒，这是为人父母最坏的示范！要收复争吵中的孩子，父母首先要冷静面对，而非火上浇油，即便孩子可能因为父母的怒吼而暂时停止争吵的行为，但这只是治标不治本的方法。不论吼叫的起因是忍无可忍或是习惯性的回应，这样的吼叫行为就等同于告诉孩子，面对吵架时以怒吼来宣泄是正确的选择。

第二招 公平对待手足

面对两个孩子吵得正起劲时，最明智的做法是将两个人分开。平心静气地了解吵架的原因，然后切记以"公平不偏袒"的原则来解除纷争。然而，不少父母会以"弟弟妹妹不懂事""哥哥姐姐就应该让着弟弟妹妹"或是"你是哥哥姐姐怎么可以这样对待弟弟妹妹"等理由，不分青红皂白地将过错全推在大宝的身上。只依照年龄的大小来决定事情的对错，非常的不公平，大宝听多了也会内心不平衡。我们说出"大让小"，应该说出个理由并给予大宝鼓励。例如，"弟弟妹妹现在还小，连说话都不会，所以还不懂得怎么与人相处，你要多原谅他，妈妈知道你是自动让他的，你真是好哥哥姐姐，妈妈好爱你。"

第三招 对兄弟俩进行适当的"隔离"

对于一些年龄相差非常小的兄弟俩来说，做哥哥的往往非常害怕弟弟会夺去父母对自己的关心。当他对这种压力无法承受时，在心理上就会受到巨大的伤害。比如，他会产生比较强烈的自卑感。

在这种情况下，父母最好对兄弟俩进行适当的"隔离"，尽量不要让他们单独待在一起，暂时别让哥哥帮着照顾弟弟。因为这个时候的哥哥，心理已经失去平衡，甚至处于愤怒的状态之中，而他自己又不能对这种状态进行很好的调节。所以，他就很可能借此机会对弟弟进行报复。而这种事情一旦真正发生之后，很多父母并没有自己进行反省，而是根据事件的后果对哥哥进行惩罚，但实际上，他们却忽略了真正的责任其实是在自己身上。

真正聪明的父母，一般会在察觉到兄弟俩那种微妙的关系之后，当没有大人在场的情况下，就不会让兄弟俩单独在一起，更不可能让哥哥帮忙照顾弟弟。直到这个敏感期过去之后，再想办法对症下药。比如，如果大宝内心有自卑感，那就不断地鼓励他，使他恢复自信。只要帮助大宝把自信心建立起来，一切问题也就迎刃而解了。

第四招 耐心解释理由

当二宝还小，只能抱在怀里甚至在妈妈肚子里的时候，大小宝贝的斗争就已经开始："妈妈为什么一直抱着弟弟妹妹，我也要妈妈抱抱！"待二宝有了爬行能力，可以通过自己的手去拿自己要触摸的东西的时候，大宝二宝的战争又进入到另一个阶段："那是我的玩具，你不可以玩！"这个时候虽然小的还不会回应，但似乎已经看见了吵架的苗头。

心理医生表示：此时父母耐心的解释很重要。千万别以为二宝还小听不懂，透过父母说话的语气和行动示范，孩子其实会懂。当两个人抢夺同一件玩具时，让孩子学会尊重，例如："这是姐姐正在玩的玩具，你想玩的话要等姐姐不玩的时候。""姐姐再玩5分钟，就要让给弟弟玩。"若二宝大哭大闹不听劝，父母就应该找机会跟大宝讲道理："弟弟妹妹还小，没有像你学的这么多，你已经会说话表达自己的意见啦，而弟弟妹妹连说话都不会，就只会哭，你可以和我一起教他吗？"不要期望孩子听一次就懂，家里多了一个小宝宝，家里的大人都需要适应，何况孩子呢。给孩子一段适应的时间后，父母适当地进行有策略的沟通，情况就会逐渐改善。

第五招 少讲大道理，多表示自己的爱

在孩子打架后，父母要出面解决时，最好分开进行引导，并让孩子觉得你是站在他这边的。当然了，也要让他明白，你虽然站在他这边，但并不代表你同意或认可他的所作所为，只是表示你愿意原谅他，不会因为他犯了错误就否定他，抛弃他。这样，孩子就会更轻松地看待问题，并因为父母站在自己这边，而愿意听父母的话。尤其是当他得到父母的支持和鼓励后，就更愿意去面对问题，积极地思考解决问题的办法，

并愿意为了和解而做出让步。

但是，如果你站在他的对立面，并对他进行否定，即使你说的再有道理，他也不可能听进去的。因为他所想的并不是事情本身的对错，而是父母是否还像过去那样爱着他，护着他，甚至宠着他。所以，父母在提出自己的要求之前，一定要先认可他，并接纳他，只要做到这些，孩子自然就会听你的话。

第六招 父母鼓励孩子说出自己的想法

父母对一些问题进行处理之后，还要及时了解孩子对这个结果的看法，并引导孩子把内心的想法说出来。而当孩子把自己真实的想法说出来时，不管是对父母表示不满，还是怨恨，都应该心平气和地接纳，并及时给予劝说和解释。相反，如果不让孩子说出来，而是采取批评的态度，父母就不知道孩子的心里到底是什么想法，久而久之，自然就会积怨过深，并最终爆发出来。这时如果孩子还很小，结果可能就是不容易管教，使父母的权威下降；如果孩子已经长大，那就有可能会采取过激的行为，后果就不堪设想了。

第七招 吵架后的教育

家中的小手足正吵架的时候，父母绝对不要长篇大论地教训，但面对如家常便饭般的争吵，父母不妨在吵架过后，找个适当的时机和孩子讨论，让每一次的吵架都变成另一次学习的机会。尝试着将问题丢给孩子思考，就之前吵架的状况与他们讨论：问他们"你觉得怎样才可以避免吵架"。如果孩子在吵架的过程中出现丢东西或者打人等不当的行为时，则要让他们知道这些行为会带来不好的后果，问他们"如果你把小宝砸伤了怎么办"。通过这样的方式，一次次将问题丢给孩子去思考。日后当他们遇到类似情形时，才会知道要先去思考后果，避免吵架的再次发生。

平衡孩子的心态

在计划生育实施了三十多年之后，独一代也开始为人父母，而且这队伍正在不断扩大。那么，独一代生两个孩子，该怎样平衡两个孩子的心态，尤其是不至于让大宝的心理失去平衡呢？

钟女士每次下班回家，当门"吧嗒"一声打开的瞬间，是她最幸福，也是最得意的时刻。"妈妈，抱抱！"两岁的女儿那嗲声嗲气的话音刚落，又传来了六岁的儿子那急切的呼唤声："妈妈，抱抱！"

这种被需要的感觉让钟女士很受用，真可谓是"家有二宝，幸福满满"，同时有两个孩子也是对自己没有兄弟姐妹这种遗憾的一种弥补。然而，如何协调好两个孩子之间的微妙关系，却又成困扰钟女士的一个新的问题。

钟女士的儿子刚上小学一年级，体重已经超过六十斤；两岁的女儿还没上幼儿园，但体重也有二十斤左右。而当钟女士右手抱着儿子，左手抱着女儿时，她明显地感觉到对于两个孩子的教育负担，甚至远远超过了此时两只手所承受的负担。

钟女士心里很清楚，儿子早已过了黏人的年纪，自从五岁之后，自己再怎么威逼利诱，都不肯让妈妈抱一抱。然而，女儿的那声"抱抱"，却成了一根导火索，点燃了儿子心中的小情绪，而这个小情绪里又包含了某种微妙的关系。更让钟女士不安的是，她明显地感觉到儿子的这种小情绪里面，有很大的比重属于负面的成分。

针对儿子的这种小情绪，钟女士曾经采

取过自己所能想到的方法进行说教、劝导，但效果都不理想。这使钟女士感到有些无奈，实在不知道该怎么帮儿子化解这种既影响他自己成长，又影响兄妹之间感情的小情绪。

虽然在别人眼里，钟女士是一个很让人羡慕的"儿女双全"的妈妈，但由于她本人是家里的独生女，没有和兄弟姐妹相处的切身经验，所以对于如何协调好儿子与女儿之间的关系，对于她来说，确实是一个严峻的考验。

自从有了女儿之后，钟女士虽然请了保姆帮忙，但面对两个孩子的教育仍让她感到身心俱疲。现在，钟女士除了上班以外，就是围绕着两个孩子转。早上天还没亮，就起床做早餐，然后叫儿子起床、吃饭，送儿子上学。晚上吃完饭后，先陪儿子做作业，然后再哄女儿睡觉。

钟女士认为，儿子目前正处在身心成长的转折期，所以她的精力几乎都用在儿子身上。至于幼小的女儿，则只能交给保姆照顾。然而，这样一来，又让她对女儿产生了深深的愧疚之情。因为女儿正处在对语言、活动极有兴趣的时期，也是养成一些生活习惯的关键时期，所以更需要妈妈的陪伴。但作为妈妈的钟女士，却心有余而力不足。

与钟女士一样，很多 80 后的独一代在陆续建立起自己的小家庭后，也开始承担起为人父母的角色。而这些 80 后的独一代中有不少人选择了生育二胎。而他们之所以选择"再生一个"，很重要的一个原因，就是曾经体会到自己作为独生子女在成长过程中的孤单，而且身上又有许多诸如以自我为中心的弊病。而在生女儿之前，钟女士也曾无数次想象过养育两个孩子的美好画

面。但自从女儿出生之后，有想象中那般美好的画面，也有比独生子女家庭更多的纠结和困惑。

那么，对于独一代的年轻父母来说，在生育了二宝之后，应该怎样做，才能平衡大宝与小宝的心态，并协调好他们之间的关系呢？

✿ 把两个孩子当成一个整体

儿童教育专家在对家有二宝的家长进行调查后发现，很大一部分家长在教育两个孩子时，并没有意识到把两个孩子当成一个整体，而是相当于养了两个独生子女。针对这种现象，专家们认为，这就是二胎家庭教育问题的根源。所以，如果家长们能够整合好孩子的关系，从整体上来考虑问题，就能起到事半功倍的效果。

一位小学老师曾分享了她遇到的一件事情。有一次，她去一个家有二宝的家庭进行家访，哥哥刚要上小学，妹妹还没上幼儿园。当时，妹妹一见到老师，就兴奋地说："我喜欢这个老师，哥哥不喜欢这个老师，我要上学。"哥哥听后，马上叫起来："谁说我不喜欢这个老师？我很喜欢的！"

从这个案例中，我们不难发现，孩子们其实是渴望长大的，比如抢着读书就是一个证明。而在二宝的家庭里，大宝又比小宝更早进入新的成长阶段，如果引导得好，大宝就可以带动小宝。所以，家长应该将两个孩子视为一个整体，这样就可以很好地利用家庭的教育资源，不但益于孩子的身心成长，同时也大大降低了家长的工作量。

✿ 不要当着小宝的面批评大宝

在孩子相处的过程中，如果大宝确实有做得不妥的地方，父母应该单独与其进行交流，尽量不要当着小宝的面进行训斥，更不要拿两个孩子进行比较，比如"你一点也不乖，还是弟弟听话"，"你看妹妹就比你懂事"，这种话尽量不要说，因为这种话会导致大宝产生叛逆的心理，并使兄弟之间出现矛盾，甚至使矛盾出现激化。当然了，如果大宝表现出谦让的态度，父母一定要及时给予赞美，千万不要认为这是理所当然的。

学会安抚大宝，有效减少手足争吵次数

周女士在生下小宝之后不久，有一次拿出大宝小时候盖过的被子，准备给小宝用。不料这件事被大宝看到了，于是便怒气冲冲地跑过来责问妈妈，凭什么把他的东西给那个"婴儿"用。随后，大宝便把那张自己早就不用的被子抢过去，并连续盖了一个多月，直到连他自己都觉得这被子太小了，再也盖不住自己时，才极不情愿地让妈妈将它盖在弟弟的身上。

然而，事情还没有结束。随着小宝逐渐长大，兄弟俩的矛盾也越来越大，几乎每天都有争吵，而且谁也不服谁。对此，周女士曾经骂过，甚至也打过他们，但过后他们却闹得更凶。无奈之下，周女士只好向心理医生求助。医生了解了事情的经过后，建议周女士从大宝入手去解决问题，并告诉她，只要把大宝搞定了，那么小宝也就搞定了。

于是，周女士回家后，便开始实施医生的建议。周女士一改往常的行为，开始细心地照顾大宝，即使在睡觉的时候，也要带着大宝一起睡，并经常对他说"你小时候比弟弟更漂亮"、"那时你比弟弟现在做得好多了"等一些鼓励的话语。就这样，大宝渐渐安静下来，再也不会无理取闹了，对弟弟也开始谦让起来。

其实，在很多孩子闹矛盾、打架的案例中，大部分都是由大宝挑起来的，但这并非是大宝的错，而是由一些特定的因素造成的。因为小宝的到来，往往会让大宝产生一些误解，并觉得自己的地位受到威胁。在这种情况下，为了发泄自己心中的不安，大宝会经常对弟弟使性子、耍脾气等。要知道，现在孩子们的成长环境，已经和以前兄弟姐妹非常多的大家庭时代完全不同了。

在很多的情况下，只有父母才能够给孩子们以关爱，而父母的爱又是一种非常"有限"的"资源"。为了能从父母"有限"的爱和关心之中获得更大的份额，兄弟姐妹之间自然就会互相竞争。尤其是大宝，往往会把小宝视为抢夺父母之爱的死对头。因此安抚好大宝的情绪，将能有效地减少手足之间争吵的次数，作为父母，我们应该如何做呢？

⭐ 让大宝做好心理准备

在美国，当父母决定再要一个孩子时，往往会先对大宝进行心理上的安抚和引导。通过讲故事、做游戏的方法，让孩子知道自己即将当上哥哥姐姐，并让孩子做好心理准备。因为在准备迎接弟弟妹妹到来，以及在弟弟妹妹到来之后的一段时间里，家里的爸爸妈妈、爷爷奶奶，甚至周围的亲戚朋友，都会把注意力放在更小的宝宝身上。当然，更要让孩子明白，父母对每个孩子都是很爱的，不会因为时常照顾小的宝宝而讨厌大的宝宝。这样，就会让孩子有一个缓冲期，慢慢地接受弟弟妹妹，并在迎接弟弟妹妹到来时，拥有充分的心理准备。如果将大宝的心理调节好了，他就会成为父母很好的帮手，帮助父母照顾好弟弟妹妹，同时也促进他们的成长。

⭐ 以小宝的名义给大宝一份大礼

孩子终究是孩子，当他们真正成为哥哥姐姐的时候，因为自己不再是父母眼中的唯一，所以多多少少都会有一些失落感，同时也会有一种被"侵犯"的感觉。而当他们感觉到原本属于自己的东西要被瓜分，甚至被剥夺时，就会表现出黏人、与弟弟妹妹抢东西等行为。

对于大宝的这种行为，很多父母往往会采取两种应对方式：一是指责孩子不懂事，不为父母着想，也不关心弟弟妹妹；二是不断给予额外补偿，尤其是用食物、玩具等一些物质进行弥补。然而，这两种方法的效果都不好。第一种只是站在家长的立场上看问题，没有设身处地从孩子的角度去考虑问题，结果只会使自己和孩子之间的矛盾越来越大；至于第二种方法，看似对大宝进行弥补，以平衡大宝的情绪，但这样的弥补方式往往会为以后不断的纷争埋下隐患。

那么，应该怎么做才对呢？我们建议应该是在弟弟妹妹出生的那天，送一份礼物给大宝，并告诉他这是弟弟妹妹送给他的礼物。以后，不管哪个孩子过生日，在给他准备好生日礼物的同时，也应该同时给另一个宝宝准备一份礼物。这样，孩子自然就会感觉到父母的公平，也就不会有失落感了。

⭐ 充分肯定大宝的价值

法国有一部名叫《小淘气尼古拉》的电影。在这部电影中，主人公小尼古拉以为父母在生了弟弟之后就不要他了，于是便纠集了一帮小伙伴，采取送花、大扫除等种种荒谬的方法，想阻止弟弟的到来。结果，父母却给他生了个小妹妹，而尼古拉也喜欢上了自己的妹妹，并很乐意承担起"哥哥"这个角色！

通过这部电影，我们可以学到一个很好的方法，那就是在小宝到来的时候，让大宝承担起相应的责任，从而激发大宝帮助小宝的动力。其实，每个孩子都想当英雄，希望有成就感，都渴望被表扬！所以，当很多父母因为忙于照顾小宝，对大宝心怀愧疚，从而想如何补偿大宝时，不妨换一种思路——充分肯定大宝的价值。要知道，如果父母给予孩子足够的信任感，那么孩子往往就会做出令父母惊喜的表现和成绩来。

如何激发出大宝的责任感，并认可他的价值呢？比如，在平常休息的时候，父母可以和孩子玩一些游戏，在游戏中，将爸爸妈妈分为一队，两个孩子则为另一队，这样就可以通过游戏的方式，逐步培养大宝的责任感，并让他意识到弟弟妹妹跟他其实是一个团队的。当大宝意识到自己和弟弟妹妹处在同一条"战线"上时，他自然就会从弟弟妹妹的角度上来想问题，并主动去维护弟弟妹妹的利益。而作为弟弟妹妹的小宝，当他们感觉到哥哥姐姐时刻保护着自己，凡事都为自己着想时，也自然会尊重哥哥姐姐，遇到什么事情时，也愿意跟哥哥姐姐商量。

⭐ 安排陪伴大宝的专属时间

原本集全家宠爱于一身的大宝，在家里多了一个整天只会哭闹，要妈妈爸爸照顾，需要抱着哄着的"小讨厌鬼"后，大宝闹点情绪是情有可原的。本来专属于他一人的爸爸妈妈，现在要有一个弟弟妹妹来跟他分享，大宝感受到被冷落，害怕被取代的心理也是正常的。此时，父母应该认同大宝的心理感受，建议让他觉得有了二宝之后，还是和以前一样，有单独和爸爸妈妈相处的时间，独处的时间重质不重量。每天一个小时的相处时间也足够了。此外，父母们可别因为大宝长大了，就忽略对他的亲吻和拥抱，别忘了他仍然是你的大宝贝，依然需要感受到父母不变的疼爱。总之，父母在与孩子进行沟通时，只要给大宝更多的认同，让大宝得到专属于他的父母之爱，大宝闹情绪的次数也会相应减少。

⭐ 在私下里让大宝有优越感

在徐亨淑所著的《妈妈学校》中，曾记录了这样一些片段：

作者通过现实生活的一些例子，让大宝感觉到："弟弟真的需要有人照顾，他根本不是我的竞争对手。"作者还告诉大宝："你很特别，你是爸爸妈妈的第一份爱，第一份感情。新买的衣服第一次穿的时候，不都是很珍惜和爱护的吗？你就是这第一次的存在，没有人能够代替。"然后紧紧地抱住他，这比任何的言语都有效果。

每当两个孩子之间闹矛盾时，父母也不要一上来就认为一定是大的欺负小的，不问青红皂白就责怪大宝。即使是大宝的错，在和他进行沟通时，也应该用期待的眼神望着他，就像在告诉他"你很特别"时一样。虽然也许没有立竿见影的成效，但只要坚持下去，就一定会有效果。

⭐ 让大宝学着理解小宝

有句话说得好，"大宝看着父母的背影长大的，二宝则是看着大宝的背影长大的。"二宝从小就是哥哥姐姐玩什么，就想着玩什么；哥哥姐姐吃什么，也就想要吃一口，而这也是手足之间常见吵架原因之一。年纪小的弟弟妹妹对于想要的东西就是直接用手去拿去抢，因此就很容易引发大宝的怒火，觉得弟弟妹妹为什么老是抢我的东西。其实父母应该让大宝理解小宝是崇拜他的，才会跟着学。父母还应该给大宝充分的学习机会，在生活上，让大宝学着照顾小的；游玩时，让大的带着小的玩；学习时，让大的教小的。大宝拥有更多表现自己的机会后，他的心理得到了满足，对二宝也就不会那么计较了，心理上平静了，手足之间吵架的几率自然就会少了。

如何面对小宝的告状?

许女士是两个男孩的妈妈,其中大宝6岁,刚上小学;小宝4岁,刚上幼儿园小班。平时兄弟俩经常在一起玩,而且关系很好,这让许女士觉得很欣慰,劳累了五六年,终于可以稍微放松下来了。

但是,有一件事却让许女士很烦恼,那就是小宝经常向她告大宝的状,而告状的原因也是各种各样。当然了,有时候确实是大宝不对,故意欺负小宝;但更多的时候,却是小宝凭着自己年纪还小,故意无理取闹。

虽然许女士从中调停过几次,也曾单独找大宝谈过,让他多让着弟弟。大宝当时并没有说什么,甚至显出很顺从的样子。但没过几天,小宝又来告状了,而且告的还是同一件事。这一下,终于把许女士惹火了,直接把大宝叫过来,不由分说就是一顿训斥。原本以为,经过了这次之后,大宝就会让着弟弟了,但让她没有想到的是,仅仅过了一天,小宝又哭着来找妈妈了……

在这个案例中,为什么大宝在经过妈妈的说教,甚至是训斥之后,仍然我行我素,没有丝毫的退让之意呢?为什么小宝再三地向妈妈告大宝的状呢?其实,这里面的原因并不是大宝退让一步就可以解决的,再说凭什么要让大宝退让呢?

可见,小宝之所以不断地向妈妈告状,是因为他觉得妈妈就是自己的靠山,不管谁对谁错,妈妈都会站在自己这一边。而大多数妈妈也确实如此,只要小宝一来向自己告状,就断定一定是大宝欺负了小宝,往往不分青红皂白就给大宝一顿训斥。而大宝呢?本来觉得妈妈是自己一个人的,现在无缘无故被弟弟分走,已经让他很委屈了;再加上妈妈又站在弟弟那边,这口气他是无论如何也吞不下去的,于是便选择了反抗到底。这样一来,兄弟俩的矛盾就有可能越来越深了。

那么,作为大宝和小宝都极力想争取的对象,父母应该怎样面对小宝的告状呢?既然站在小宝这边会让大宝不高兴,是不是就可以不理小宝的告状?如果这样,那就走向另一个极端了。正确的做法是,既要认真对待小宝的告状,又要弄清事情的真相,再根据实际情况,对小宝进行开导。要让小宝知道,父母没有办法帮他解决所有的事情,很多事只能靠他自己去面对,自己去解决。

正确地认识小宝的告状行为

小宝在日常生活中为自己受到来自手足的某一方面的侵犯，或者发现手足的某些行为与父母的要求规则不相符合时，向父母发起的一种互动行为，这种行为的突出目的是要阻止大宝的行为。不同年龄段的小宝在告状时会采用不同的策略，同一年龄段的幼儿也会根据不同的情况采取各种不同的策略，这是父母在日常生活中能够普遍看到的。

小宝告状的原因主要有以下三个方面：

· 小宝对外界事物的认识和评价，基本上源于成年人给予的经验

在家庭里，小宝通过以往的生活经验来判断事情的对错，认为父母不允许的行为就是错误的行为，父母同意赞赏的行为就是正确的被允许的行为。因此，当看到大宝的行为不符合父母的要求时就向父母告状，希望得到父母的评价和评判。这种告状的行为是由幼儿内心的利益诉求和正义感而引发的。如果小宝感觉被大宝欺负，就会向父母告状"哥哥姐姐打我"，这时父母应该弄清事情的来龙去脉，对孩子打架的行为认真分析、及时处理，并且对告状的小宝要进行适当的评价，一定要记着不要无动于衷。如果父母对小宝的告状行为没有任何的回应，小宝的内心就会有一种失落感。在以后遇到类似的情况时，小宝可能会以另外一种激烈的态度奋起反抗。

· 小宝通过告状的行为渴望得到父母的关注

有时候小宝会因为渴望得到父母的关注而向父母告状。如小宝会对妈妈说："妈妈，哥哥姐姐在玩玩具，我没有玩；哥哥姐姐没有好好吃饭，我有好好吃饭。"小宝

这样的告状行为是希望得到妈妈的赞扬和奖励。作为父母，我们应该用一种理性的态度进行分析处理和引导，纠正小宝的告状行为，促使小宝用其他更好的方式来获得父母的关注。

· 小宝想要通过告状来获取父母的帮助

这是小宝为了求得父母公正解决他与大宝的纠纷，或者出于让父母保护自己的目的而引发的告状行为。在家庭生活中，大宝小宝之间可能会出现意见不统一，因相互争夺玩具、争夺零食、争夺父母而引发的语言肢体冲突。当这些冲突发展到一定程度之后，就会导致小宝的告状行为。

通过对小宝的告状行为分析得知，3~6 岁的幼儿在初期，对于周围事情的评判多依赖于父母，而到了一定阶段以后，他们就具备了一定的自我评价意识，有了自己的评判标准。所以父母要对小宝的告状进行妥善的处理，切不要不当回事，以防影响幼儿健康心理和健全的人格形成。

● 认真倾听小宝的诉说，弄清事实

当小宝前来向自己告状时，不管你当时正在忙什么，都不要采取敷衍和心不在焉的态度，否则会使孩子更觉得委屈，而且对孩子也是不尊重的。正确的做法是父母应该停下来，认真地倾听小宝的诉说，并学会换位思考去理解小宝的感受。如果小宝一时说不清楚，父母则可以用提问的方式引导他回想一下事情发生的经过，并适当地安慰他。实际上，只要父母能够耐心地倾听小宝的诉说，并及时给予安慰，有时他就能够自己想出解决问题的办法了。

很多事情的真相，并不是小宝所说的那样，所以父母在听完小宝的告状后，一定要及时弄清楚事实的真相，并了解小宝告状的原因，然后根据具体的情况采用不同的处理方式。比如，

父母可以这样问小宝："为什么你要把这件事告诉妈妈呢？"或者说："你觉得这件事对你来说是一个问题吗？我们应该怎么处理呢？"然后暗中观察小宝的反应，这样就为小宝创造了思考问题的机会，让他意识到自己没有充足的理由来告状，或者这对他来说根本就不是一个问题，即使是问题，他也能够自己解决。

⭐ 了解小宝告状的原因，区分对待

父母在处理小宝与大宝之间的纠纷时，首先要弄清楚大宝小宝吵架的原因。比如手足意见不合或者争夺玩具零食的纠纷，父母可以在两个孩子之间通过调节解决。但是当大宝仗着自己个头大，年龄大而欺负小宝时，就必须对大宝进行严厉的批评教育，指出其错误并要求大宝以后要加以改正，同时应该给予小宝必要的心理安慰。

父母如果对上述的行为处理不当，将会影响手足之间的亲密关系，助长孩子不健康心理的形成，甚至会造成孩子对父母的不信任而产生疏离，影响亲子关系的建立。另外父母在面对小宝试探性的告状时，要给予明确的态度，是反对还是支持；要让小宝知道哪些事情是正确的，哪些是错误的，培养小宝的是非观念。对犯错一方，父母一定要将错误明确地指出，并强调能够承认错误和改正错误的都是妈妈的好孩子。

⭐ 教小宝学会换位思考

孩子之间的矛盾，一个很重要原因往往是不懂得换位思考造成的。尤其是小宝，不管发生什么事，都觉得自己才是对的，别人都是错的。所以作为父母，一定要教会小宝换位思考，正确对待和大宝的矛盾，并借此机会让小宝学会解决问题的方法和技巧。在这方面，父母们可以利用文学作品或一些孩子们熟知的动画片中的事例、人物行为来教育小宝，如海尔兄弟、大头儿子、一休小师傅等。同时，也可以将大宝和小宝的矛盾编成故事，然后加上和好的结尾，以此来暗示小宝，学会正确地对待矛盾。以后再遇到类似的事件时，他自然就会学着换位思考，正确对待。

⭐ 培养小宝的独立意识

　　小宝之所以动不动就前来告大宝的状，说明他的独立性还没有很好地发展起来，对父母的依赖心理还比较严重，总是希望父母能够帮助自己把所有的问题都解决。因此，当他和哥哥姐姐发生矛盾时，自然就会想到找父母来解决。所以，当小宝向你告状的时候，不妨反问他："你觉得我们应该怎么做呢？"把问题抛给他，让他知道，遇到问题之后，首先要做的不是来向父母告状，而是学会思考解决问题的办法。这样，随着年龄的不断增长，他自然就学会自己思考问题，而不是一味地告状，期待父母的帮忙了。

　　另外父母在日常的家庭教育中，可以通过看动画片、听绘本故事有目的地引导孩子评价剧中人物的行为，逐步提高他们对各种行为的认知水平和评判的能力，丰富孩子关于是非的评价经验，培养孩子对是非的判断能力，提高孩子独立处理问题的能力。当小宝遇到问题能够自行解决时，他告状的次数自然就会减少很多。如果父母坚持这样做，也可以提高孩子的情商水平，培养孩子养成互相谦让、互相理解、互相合作的优秀品质，最大程度减少手足之间的争吵。

　　总之，家庭教育是孩子教育的重要组成部分。父母的育儿态度也直接影响孩子的告状行为。对于小宝的告状，父母不能太当回事，但也不能太不当回事。如果太当回事的话，就会伤到大宝的心；如果太不当回事的话，就会伤到小宝的心。所以，我们建议的做法是，在了解事情真相的基础上，采取有步骤、有针对性的办法来引导孩子，让孩子学会独立面对问题，解决问题。

让小宝甘居"二宝"的位置

两个孩子之所以相处不好，除了大宝对小宝怀有嫉妒的情绪欺负小宝之外，还有一个很重要的原因，那就是小宝不甘心当"二宝"，非要与"大宝"争个高低。如果小宝甘心服从大宝，自然也就相安无事；但如果小宝也争强好胜，那么两个孩子就会闹得不可开交，争吵和打架也就成了家常便饭。如果真的出现这种情况，父母就不应该只是一味地责怪大宝，而是要做好小宝的思想工作。

那么，小宝为什么一定要与大宝一争高下呢？原因很简单，就像大宝会羡慕和嫉妒小宝得到父母更多的呵护一样，小宝也羡慕和嫉妒大宝的"大宝"位置，认为只要自己当上"大宝"，那就可以出尽风头了。

而父母要想做好小宝的思想工作，让他心甘情愿地居于"老二"的位置，首先要让他明白，当"老大"并没有他想象的那么好。虽然"老大"可以出出风头，但吃的亏也不少，而且很容易成为众矢之的，只要稍微犯了一点错误，就会受到大家的指责。而当"老二"就好多了，因为父母往往只盯着"老大"，就给了"老二"更多的自由，尤其是两个人打架时，父母首先想到的一定是"老大"的错，就会对大宝进行严厉的批评；但"老二"即使错了，也会因为他是"老二"很容易得到父母的原谅。

此外，父母还要告诉小宝，虽然平时哥哥姐姐会欺负他，甚至对他很凶，但在关键的时候，哥哥姐姐还是会先想到他，并让着他，还能保护他，因为他是"老二"。这样，小宝自然就会明白，虽然"老大"博得了谦让的美名，但真正得到实惠的，却是他这个"老二"。当他意识到这一点之后，他的心里能不偷着乐吗？或许他还会为自己拥有这样一个哥哥姐姐而感到自豪，并因为得到哥哥姐姐的照顾而感到庆幸呢！

王女士的两个女儿平常都喜欢缠着她，尤其是到了晚上，两个宝宝更是争着跟妈妈一块睡。为了表示自己的公平，王女士便定下一个规则：每周一三五让妹妹跟妈妈睡，二四六让姐姐跟妈妈睡。姐妹俩觉得妈妈这个规定很合理，都没有提出什么异议，也算是默认了。然而，到了周二晚上，妹妹却耍赖，还要跟妈妈一起睡。姐姐一听，当时就气坏了："你……你这个无赖的坏蛋，怎么说话不算话？你昨晚已经跟妈妈睡了，今天该轮到我了！"说完之后就气呼呼地沉默了。这时，王女士正准备调解，却看见姐姐开始收拾衣物，而且一边收拾一边说："真是气死我了，你这个臭妹妹！"说着还用手指推了妹妹的头，又掐一下妹妹的脸。临走时说："今晚你跟妈妈睡吧，但先说好了，后面两天该轮到我了啊！"

妹妹总算得逞了，高兴地钻到被窝里，偷偷地对妈妈说："妈妈，姐姐刚才那样子好凶哦！"妈妈说："那你也可以跟她凶啊。"妹妹说："我哪里敢了，一看她那么凶，我就不敢说话了。"妈妈于是建议："既然她那么凶，那我们就把她送给别人做姐姐好了。"妹妹沉默一会儿，说："要不我们把她送给隔壁的小薇做姐姐吧，她是我的好朋友。"妈妈说："嗯，你这个主意很好，那我明天就把她送走。"过了一会儿，妹妹又小声说："妈妈，前天我们玩滑梯的时候，姐姐在下面接着我，她说有危险！"妈妈没有发表评论，她接着说："但她没有接小薇，她是我的姐姐，我不想把她送给小薇了。"这时，妈妈才开口说："你真乖！"没过一会儿，妹妹便带着幸福的微笑进入梦乡了。

随着时间的推移，姐妹俩都开始彼此想着对方。尤其是姐姐，自从有了一个妹妹，已经没有独享这个意识了；相反，只要有什么好事，都想着与妹妹一起分享。平常在幼儿园里，当小朋友的家长分糖果时，她都会要求多要一块，而且还理直气壮地说："我家里还有一个妹妹！"

从这个案例中，我们可以看出，当"老二"的确有很多实惠的地方。案例中的妹妹虽然要赖，却没有人认为她欺负了姐姐；反过来，如果姐姐要赖，那就会被认定欺负妹妹而遭到批评了。这其实就是当"老大"和当"老二"最大的不同之处。而当父母把这个"秘密"告诉小宝之后，相信他一定会甘愿居于"老二"的位置。

培养兄弟间的手足之情

张柏芝的两个宝贝儿子帅气可爱，每次出现都会赚足大家的赞美。前一阵，"最爱 Lucas Tse"在微博中曝光一段张柏芝爱子 Lucas（谢振轩）和 Quintus（谢振南）用英文问好的可爱视频，两兄弟的童声童气超级可爱。

在视频中，Quintus 先用英文打招呼："hello gorger！"随后和哥哥 Lucas 一起对着镜头喊："hello nicole！"样子十分可爱。6 岁半的 Lucas 在快 4 岁的弟弟面前一副大哥哥的样子，而包子脸的 Quintus 那纯真无邪的表情，更是萌翻不少网友。

从这段视频中可以看出，Lucas 和 Quintus 两兄弟真可谓手足情深，尤其是Lucas，小小年纪便有了大哥哥的风范，让人直呼懂事。

而作为 Lucas 和 Quintus 的妈妈，张柏芝曾经被问到在两个儿子中，哪个比较"得宠"一些，张柏芝表示对两个儿子一视同仁，但她也坦言对 Lucas 会偏爱一点。而对于为什么会偏爱老大，张柏芝也有自己的理由："我对两个孩子都很爱，但会多爱老大一点，因为大宝第一次给我当妈妈的感觉，第一次让我改变还没当妈妈前的性格和生活方式，所以我会将更多的心思放在大宝身上。而且，只要把大宝教好了，老二自然就会向大宝学习，因为同胞之间的相互影响，比父母说十句还管用。"

在二胎家庭中，很多妈妈一般都把更多的精力放在小宝身上，因为她们觉得小宝更需要照顾，而且很多妈妈也确实有偏爱小宝的习惯。但张柏芝却与一般的妈妈不同，她并没有偏爱小宝，而是偏爱大宝。从感性上来说，是因为大宝第一次给了她当妈妈的感觉；从理性上来说，则是希望大宝能够带动小宝。可见，张柏芝确实是一位聪明的妈妈。

事实也的确如此，只要将大宝搞定了，小宝自然也就搞定了，因为只要让大宝的情绪稳定下来，他自然就会接受小宝，并将其视为自己的手足。而作为小宝，他一来到这个家里，本来就没有选择的余地，既然大宝欢迎他，接受他，他除了感到幸福之外，还缺什么呢？

小康在 4 岁之前，一直是父母和爷爷奶奶的中心。她的性格也一直非常倔强。在妈妈怀有二宝的时候，曾经有过这样的担忧，如此有个性的小女孩，她会接受另一个宝宝跟她分享父母和爷爷奶奶的爱吗？

为了有一个缓冲和渗透的过程，妈妈表现出神秘的样子，对小康说："妈妈有一份大礼物送给你，你想不想要？"小康一听说妈妈有礼物送给自己，当然就高兴地期待着。

后来，妈妈的肚子一点点大起来，她告诉小康，妈妈的肚子里是一个小宝宝。

当时，小康很希望妈妈肚子里的小宝宝是妹妹。因为她有自己的小算盘，她认为如果自己有个妹妹，那么两个人就会有更多的芭比娃娃，就可以一起玩过家家了！

然而，小康后来得到的"礼物"是一个弟弟，这多少让她有点失望。此时，聪明的爸爸马上就给小康买了一部数码相机，然后跟她约定："以后弟弟成长过程中的点点滴滴，就由你来记录了。"

小康一看到爸爸送给自己的数码相机，顿时大喜过望，当即把爸爸分配给自己的这件事当成特派任务。以后，不管弟弟睡着了、醒了，还是笑了、哭了……小康都抱着相机咔嚓咔嚓地拍个不停。结果两年下来，爸爸电脑里就收藏了几千张弟弟的照片。

随着弟弟一天天长大，小康的心里不再有任何芥蒂，而且还跟弟弟建立起了深厚的感情。

真正聪明的家长，在建立孩子之间的手足之情时，从来不会采取说教的方式，他不会对大宝说"这是你的弟弟妹妹，你要好好爱她"这样的话，因为他知道这样的话会让大宝更反感。实际情况也是如此，既然是兄弟姐妹，相亲相爱本是一件很自然的事，所以父母根本不需要对孩子进行说教，只需要稍微进行引导就可以了。当然，在引导的过程中，一定要讲究一些技巧。在上述的案例中，小康的爸爸并没有告诉她，让她如何照顾好弟弟，而是给她分配了一项好玩的"任务"，而这项好玩的"任务"的实际意义，恰恰就是让她照顾好弟弟，并让她与弟弟建立起深厚的手足之情。

当然，方法还是有很多的，下面我们再总结出几条，以供家长们参考。

让孩子学会互相尊重

让孩子建立手足之情，并维持这份情感的前提条件，就是让他们学会互相尊重。而要让孩子学会互相尊重，父母有些话是不能说的，比如"你可不能输给哥哥啊"、"你可别变成像哥哥那样的人"、"你是姐姐，所以应该要让着弟弟"等。这些话除了伤害孩子之间的感情以外，并没有任何的益处，所以父母一定要切记。

让孩子听到对方的赞美

兄弟姐妹之间的关系，其实很像亲子关系，因为不管对方是谁，都不是自己能够选择的。即使再怎么抱怨"为什么偏偏这家伙是我的弟弟"、"我怎么有这样一个姐姐"，也无法改变彼此之间的手足关系。所以，如何让孩子拥有"我还有一个弟弟，真的很不错"、"真好，我有一个这样哥哥"之类的想法，是父母的责任。

俗话说："孩子是父母的纽带。"但实际上，父母也是孩子的纽带，而且这根纽带还起到沟通孩子之间感情的作用。所以，聪明的父母都会鼓励孩子赞美对方，并让他们听到对方的赞美。比如，可以这样对大宝说："你一定能行的，弟弟一直很崇拜你呢！"或者对小宝说："你好厉害哦！连哥哥都佩服你！"。

⭐ 不要分得太清楚

平时给孩子购置物品时，除了衣服要分清给谁以外，其他东西就没有必要分得太清楚，因为很多可以共用的东西，如果被贴上了"这是你的"、"那是我的"标签，会养成孩子自私的心理。

一位家长在总结自己的经验时说："我给孩子东西时，从来不说这是你的，这是他的。而是只给一个孩子，刚开始时先给大的，告诉他这是给你们俩的，让他们自己分。当然，我也会在暗中观察他们是如何分的。后来，无论给大的还是小的，他们都会自己分。玩具也一样，我买来之后，一般会先示范怎么玩，再让他们玩，如果只能是一个人玩的，就让他们轮流玩；如果两个人可以玩的，就一起玩。"

事实也确实如此，当家长把东西分得太清楚时，孩子关心更多的往往就是"我的"；而当家长没有分清到底给谁时，那么孩子自然就会意识到这是"我们的"。而"我"和"我们"，虽然只差一个字，但效果却是天壤之别。

PART 6

爱要说，爱在做

孩子的内心是脆弱敏感的。孩子在成长的道路上不能离开爱而生存。如何让两个孩子都能感受到父母的关爱是每个父母都应该思索的问题。孩子不会像大人一样，会用心体会含蓄的爱，他们都只能用眼睛所见、耳朵所听、身体所感受的来感知父母对自己的爱。而让孩子感受到，听到、看到、触摸到父母的爱，就需要父母大声地说出自己的爱，更要大方地做出来。父母应该拿出实际行动传递你对两个宝宝无限的关爱。让大宝小宝能够同时感受到你内心的温暖和内心的爱。

爱要注重表达的方式

　　对于二胎家庭来说，遇到最直接的一个问题，就是教养问题。最近，专家在对一些幼儿园、小学等进行调查时，发现了这样一个现象，那就是非独生子女（尤其是大宝）的问题并不比独生子女少。那么，这些非独生子女身上都有哪些问题呢？其实也不外乎就是孤僻、冷漠、自私等。

　　为什么会这样呢？我们不是一直在强调独生子女如何娇生惯养，如何蛮横无理，如何自私自利吗？我们不是一直认为"独子"如何"难教"吗？我们不是一直觉得解决这些问题的最好办法就是生二胎吗？那为什么生了二胎之后，孩子的这些问题依然存在呢？

　　针对这种现象，儿童心理学专家认为，之所以会存在这种问题，是因为很多父母在生了二胎之后，没有及时了解孩子的心理问题。虽然很多父母都说，即使有了老二，自己对老大的爱依然没有改变，但在实际表达爱的过程当中，却出现了偏差，让孩子对父母产生了误解。所以，在生了二宝之后，如何向孩子表达自己的爱是十分重要的。

　　我们都知道，当老二到来之后，原本很乖的老大，忽然之间变得很爱吃醋。在他看来，妈妈的爱被弟弟妹妹瓜分了，心里自然而然就会产生疑惑："妈妈还会像以前那样爱我吗？"其实，妈妈对他的爱并没有减少，只是没有注意表达的方式和技巧。

　　家有两孩的父母，基本上都有过这样的经验，那就是两个孩子都还小的时候，他们会使劲地缠着妈妈，恨不得独自霸占妈妈的爱。然而，妈妈的精力毕竟有限，时间也很有限，所以不管怎么做，都会有顾此失彼的时候，这当然就很难让两个孩子都满意；如果处理得不好，甚至还会让两个孩子产生怨恨的情绪。

儿童心理学家经过研究后发现，其实孩子想要从妈妈那里得到的，是 100% 爱的浓度，而不是 100% 的时间。因此时间不是重点，重点的是在某段时间里，让孩子体会到爱的感觉！所以，妈妈在平常与孩子相处的时候，除了给每个孩子安排一些单独相处的时间以外，还可以和孩子制造出一种独特的感觉，比如可以这样跟老大说："弟弟现在还太小，听不懂这些有趣的故事，所以给你读故事是妈妈最大的享受。"又比如跟男孩说："今天和你一起出来参观恐龙博物馆，真是有趣极了；而妹妹却体会不到这种乐趣，真可惜呀！"

这样，孩子就会觉得："这些事情，妈妈只能和我一起玩，才能享受到其中的乐趣。"当孩子的心中有了这种感觉之后，自然就会对自己这种不可代替的地位更有信心。尤其是当孩子在这样虽短暂但特别的时间里体会到"妈妈爱我""我在妈妈的心目中很重要、很特别"的时候，也就不会蛮不讲理地一直缠着妈妈不放了。

总之，因为孩子的年龄不同，接触的事物不同，理解能力不同，爱好也不同，所以父母要想准确地表达自己的爱，就要先找到适合孩子的独特方式，这样才能给孩子传递一种

独一无二的感觉。当两个孩子出现争抢或者霸占妈妈的行为时，那就只能说明，他们觉得妈妈不够爱自己了。

陈琳刚生下小宝时，大宝很紧张，担心弟弟会抢走妈妈所有的爱。因此他便紧紧缠住妈妈不放，希望以此获得妈妈的关注。

于是，聪明的陈琳发明了一个叫做"充电"的游戏。她把两个宝宝轮流抱在膝头，告诉他们，妈妈在用"爱"给他们充电，并将每个宝宝从上到下亲一遍。做完这些动作之后，她又加入一个元素，称为"爱之蛋"。最后，她又假装将一个蛋在孩子的头顶上敲破，用手指把蛋汁抹到孩子的头发和皮肤，直到抹遍全身为止。

大宝很喜欢这个游戏，每天都要求玩。因为这个游戏很简单，所以大宝一个人也能玩耍。这样，妈妈就可以安心地照顾二宝了。有时候，妈妈要做其他的事情，便让两个宝宝自己玩游戏，两个宝宝也配合得很好，彼此也能更多地相互关爱。

从这个案例中，我们可以了解到陈琳所拥有的，不仅仅是聪明，还有浓浓的爱，以及无处不在的用心。在现实的教养过程中，很多妈妈由于给予孩子的关注和时间不平均，结果让孩子感觉妈妈偏心对方。所以，对孩子的爱，不仅仅要做到心中无愧，更要注重爱的表达方式，这样孩子才能真正明白你对他的爱。

追求相对公平的爱

　　林婕是两个孩子的妈妈，其中大宝是姐姐，小宝是弟弟。有一天，林婕晚上加班到很晚才回家，一进家门，两个宝宝就跑过来，都想让她抱。她本来想把两个宝宝都抱起来，却又没有那么大的力气，在犹豫了一下后，便抱起了姐姐，然后让奶奶抱着弟弟。等她把姐姐哄睡着后，再想去抱弟弟时，却发现他也已经睡着了。这让林婕觉得点对不起弟弟。同样让妈妈抱，为什么只抱姐姐，而没有抱弟弟呢？弟弟会不会有意见，说妈妈偏心姐姐呢？

　　其实，只要家里有两个或者两个以上的孩子，父母无一例外都会遇到像林婕这样的问题。那么，父母该如何做，才能尽量对两个孩子的爱保持均衡呢？

　　我们都知道，很多孩子之所以有时候会觉得父母偏心，往往不是父母真的对哪个孩子偏心，而是对孩子爱的表达方式不太妥当，才会使孩子有这样的错觉。实际上，不管是独生子女，还是非独生子女，都喜欢被宠爱，而且渴望一种看得见摸得着的关爱。

　　所以，专家建议，父母首先要明确告诉你对孩子的爱。当然，不仅仅要说，也要做出来，比如在平常的时候，不妨亲他的脸，牵他的手，拥他入怀等。

　　其次，应该多和孩子聊天、玩耍。可以多聊聊孩子在幼儿园或学校里发生的一些新鲜事，以及孩子比较感兴趣的话题。每到周末或节假日的时候，可以多陪孩子去书店、

公园、游乐园等，也可以一起打扫房间、一起煮饭，以此增进彼此的感情和了解。

再次，引导孩子树立正确的观念，使孩子学会分享，乐于分享。现在很多孩子往往习惯以自我为中心，不会与人分享。所以，父母应当引导孩子学会与他人分享，并让他明白，与人分享并不是意味着失去，而是意味着得到，比如会得到亲情、友情等，这些都是无价的，是花多少金钱也买不到的，但通过分享就可以轻松获得。

总之，当孩子能够清楚地感受到来自父母的爱，并拥有正确的判断力，还乐于和别人分享时，他就不会再抱怨父母偏心了。作为父母如何追求相对公平的爱呢？

☆ 将公平的爱体现在分东西上

很多父母经常会说"我对孩子们的爱是问心无愧的"。但对于父母的"问心无愧"，孩子们却往往无法理解，因为他们看到的，或者听到的，甚至是感受到的，只是父母的偏心。所以，父母心里的公平，一定要在生活中体现出来，才能让孩子感觉到。比如，在给两个孩子分东西的时候，虽然是一人一个，每人都有份，但这时候也要注意孩子的情绪变化，因为孩子往往并不满足于一人一个，而是想拿到自己喜欢的那个。比如，在分棒棒糖时，两个人都想吃红色的，但红色却只有一块，这时候也要尊重孩子的想法，如果父母滥用权威，时间长了，孩子就会认为父母偏心。那么，这个时候应该怎么办呢？一般是先看谁会做出让步，如果大宝做出让步，那就把红色的棒棒糖给小宝，然后夸奖大宝。如果都不让步，就把红色的棒棒糖先给态度比较强硬的那个，并承诺下一次给另一个。父母还要继续哄感觉"吃亏"的那个孩子，直到他安静下来，想通了为止。等到下一次时，父母就要遵守承诺，并解释理由。这样一来，两个孩子一般都会理解并最终愉快地接受。

将公平的爱体现在化解矛盾纠纷上

从字面意思来看，公平包含"公道"、"平等"或"平衡"等意思。启蒙运动的思想家霍布斯就曾经说过"人人生而平等"。笔者认为，在家庭生活中，两个孩子所处的地位，所享受的待遇，以及义务也都是平等的，更有在遇到矛盾问题时父母公平对待的权利。父母在处理孩子之间的矛盾时，应该采取有序、合理、公平的原则对待每一个孩子。有时小孩之间闹矛盾就如家常便饭一样，也会给做父母的带来很大的困扰。

父母可以交给他们一些简单处理矛盾的方法，让他们自行解决，但是还会有一些孩子不能自己处理好矛盾。这时父母就要秉公处理，不分大宝还是老小，做到对事不对人。这样才能让两个孩子从内心感到公平，才能让他们从内心里真正服气。在处理矛盾时也要切忌"和稀泥"，不论对错，有理的没理的都打五十大板，这样会使年幼的孩子混淆是非曲直。因此，父母在处理孩子之间的矛盾时，要做到公平对待，赏罚分明，正确引导，让孩子之间相互谅解，让家长与孩子达成共识，让孩子体验到赏罚分明、平等公平的父母之爱。

总之，对于孩子的爱，不怕爱得不够，就怕爱得不均，要做到尽可能的相对公平，尤其是表现在具体的生活中时，绝对不能出现偏爱的现象。

有时适当"偏心"，才会更平衡

在对两个孩子的教育过程中，父母最担心的一个问题就是偏心，因为不管父母偏向哪一方，都会使另一方的心理失衡，使孩子之间产生矛盾。然而，如果一味追求公平，凡事都讲究一分为二，极力做到一碗水端平，也未必能够使孩子都满意。因为每个孩子真正需要的，恰恰就是父母对自己的偏心，所以在某些情况下，适当表现出自己的"偏心"，往往会使孩子的心理更容易达到平衡的状态。尤其是对于大宝来说，这一点可谓是屡试不爽。

很多父母可能没有意识到这样一个问题，那就是二宝到来时，不管得到父母多少爱，对于他来说，都是百分之百。但是，对于已经习惯了独享父母之爱的大宝来说，不管父母表现得多么的公平，那也已经不是百分之百了。这样看来，他才是比较可怜的那一个，所以父母把更多的关注放在他身上才显得公平。

其实，很多时候，大宝真正在乎的，并不是父母公平不公平，相反，如果父母一味讲究公平，恰恰就是对他的不公。然而，在现实的养育过程中，很多父母往往和过去一样，忽视大宝，重视小宝。尤其是当大宝的表现没有达到我们的要求，或者没有像我们所期待的那样时，我们就很容易表示出自己的不满："弟弟妹妹比你小，比你更需要妈妈，你没有帮妈妈照顾弟弟妹妹也就罢了，为什么还这样不懂事？我对你已经够'公平'了，为什么你还不知道满足？"这实际上就是家有二宝的父母最容易犯的错误——讲"公平"、讲"平均"。所有的关注、时间，都用"数量"来衡量。

只是，情感这个东西，要么是0，要么是100%。在小宝到来之前，大宝拥有的是全家人100%的关注。而在小宝到来之后，即使父母给予他90%的时间和关注，他仍然会因为10%的缺失而感到被忽视。因此，对于大宝来说，他真正想要的，并不是那份公平的、平均的爱，而是全部！

当然了，所谓的"全部"，并不是指时间上的100%，而是感觉上的"独一无二"和"完全拥有"。也就是说，在时间上不可能满足孩子的前提下，就只能在特定的时间里，让他体会到那种完全拥有爸爸妈妈，不被打扰，也不被分享的感受。

早餐时，周女士在桌上放着两个给大女儿买的小豆沙包。大女儿坐到餐桌前，拿了一个豆沙包，开始吃起来。妹妹看到了，也要吃，于是周女士就顺手拿过另外一个，切了一半给妹妹。

姐姐原本只是心不在焉地吃着，不经意间一抬眼，看到妹妹在吃她的豆沙包子，马上"哇"的一声大哭起来，还一边哭一边对妈妈说："谁让你把我的豆沙包给妹妹吃的？不给她吃，那是我的！"周女士一看这情形，马上温和而坚定地说："妹妹也很喜欢吃，分给她吃一点吧！"

但是，姐姐就是不同意："那是我的，不能给她吃！"说着，干脆直接跑到妹妹跟前，把妈妈切给妹妹的那一半也抢到自己碗里。周女士虽然感到很无奈，但也只能耐着性子，继续温和地劝她给妹妹一点。但她仍然不同意，而且还放声大哭起来！

与姐姐形成鲜明对比的是，妹妹却显得很安静，并没什么反应。周女士拿起一张纸巾，走过去给姐姐擦眼泪，并安慰她："以前我买了那么多豆沙包，都剩下了，我还以为你不喜欢吃呢。下次妈妈多买点，你和妹妹一人两个。"

姐姐一听，马上接过话："买四个，给我三个，妹妹一个。"在说这些话时，她的眼泪还是流个不停，也不抬头看妈妈。

这时，周女士突然灵机一动，马上趴到她耳边，悄悄说道："早知道你这么爱吃，我就该偷偷藏起来，不让妹妹看到就好了。"她一听到这话，立刻抬起头，眼睛放光，看着妈妈说："妈妈，下次还是买两个吧，都给妹妹，我不吃了！"

　　面对着大女儿这种戏剧性的情绪转变，周女士真是又惊又喜。惊的是她没有想到会是这种结果，喜的是她终于找到让大女儿心理平衡的诀窍了。

　　在这个案例中，周女士从给大女儿买的两个豆沙包里，将其中的一个切出一半给小女儿，这本来是再正常不过的事情。但是，在大女儿看来，妈妈对自己的爱被妹妹给瓜分了，所以她不但不觉得妈妈很公平，反而觉得妈妈很"偏心"。而当妈妈表现出对她的"偏爱"之后，她却主动提出把自己喜欢的东西让给妹妹。为什么会这样的呢？原因其实很简单，那就是当孩子觉得妈妈还会像以前一样爱自己的时候，其他的一切都可以不在乎。

　　所以，在小宝到来之后，父母不管有多忙，也不管照顾小宝多么劳累，也要让大宝觉得父母并没有因此而忽略了自己，他们还是像以前一样，给予自己百分之百的爱。而父母要做到这一点，也并不需要太多的精力，只要稍微用点心就可以了。比如，父母可以规定每个月的某一天，只带大宝出去玩，让他完全占有你。在这一天里，父母不妨多对他说一些"偏心"的话，让他觉得爸爸妈妈实际上是"偏爱"自己。

学会笼络每个孩子的心

有两个孩子的家庭，之所以会出现孩子争宠的现象，是因为每个孩子都希望自己在父母的心中是最重要的。而当父母给了他这种感觉之后，他就会变得很乖，也很听父母的话。

很久以前，曾经读到这样一个故事：

一位公司经理接到一个紧急的任务：老板要求他将一批货物搬运到码头上去，而且必须在半天内完成。可以说，时间很紧迫，任务相当重，但他手下却只有那么几个伙计。怎么完成老板交给自己的这个艰巨的任务呢？他给几个伙计下死任务，然后逼着他们必须完成？这显然不切实际，弄不好还会激起伙计们对自己的怨恨。

那怎么办呢？经理自有妙计！

这天一早，经理亲自下厨给伙计们做饭。开饭时，经理又给伙计们把饭一一盛好，还亲手捧到每个人手里。

伙计小王接过饭碗后，拿起筷子，正要往嘴里扒饭，突然闻到一股诱人的红烧肉的味道，急忙用筷子扒开一个小洞，当即发现三块油光发亮的红烧肉藏在米饭当中。小王好像明白了经理的意思，立时扭过身，一声不吭地蹲到屋角里，狼吞虎咽地吃起来。

这顿早饭，小王吃得特别香。他一边吃一边想：经理这样看得起我，今天干活时可要多出点力。于是，一开工小王就把货物装得满满的，一趟又一趟来回飞跑着，跑得汗如雨下也不觉得累……

然而，让小王觉得奇怪的是，整个上午其他伙计也都和他一样，干劲十足，好像故意跟他较劲似的，个个汗流浃背。结果，原本需要一天才干完的活，一上午就干完了。

中午吃饭时，小王偷偷地同同事小张："你今天表现不错呀，干得这么卖力！"

小张说："不瞒你，早上吃饭的时候，经理在我碗里塞了三块红烧肉！他对我这么关照，我总不能让他失望啊！"

"哦，原来这样！"小王惊讶得瞪大了眼睛，说："我的碗底里也有三块红烧肉呢！"

于是，两个人又问了其他的伙计，这才知道原来经理在大家碗里都放了肉。此时，伙计们恍然大悟，难怪吃早饭时，大家都不声不响地吃得那么香……

从这个故事中，我们可以看出那位经理很会笼络员工。我们不妨试想一下，如果经理把这碗红烧肉放在桌上，让大家一起吃时，伙计们可能就不会这样感激经理，也不会那么卖力地干活了。

同样是这几块红烧肉，也同样是这几张嘴吃，但分配的方式不同，却产生了不同的效果。同样的道理，父母对孩子的爱也是一样的，表达的方式不一样，就会产生不同的效果。而在这方面，一些父母的做法确实也是值得称道的。

曾经读到这样一个故事：

在这个故事中，作者讲述了自己小时候的情况。

当时家里条件比较困难，兄弟姐妹又多，所以如果家里有什么好吃的，母亲都会当着大家的面，公平分配。

然而有一天，母亲却把一个烤红薯悄悄塞给作者说："你快吃吧，家里就这一个了，你哥哥姐姐都不知道，你千万别告诉他们哦。"作者一阵激动，狼吞虎咽地就把那个红薯给吃掉了。吃完后感觉很幸福，因为他突然发现母亲原来对他是最好的。从此以后，他在母亲面前就变得越来越乖，心里也一直记着母亲的好。

后来，母亲渐渐老去，兄弟姐妹也都长大了。大家在一起聊天的时候，偶然聊起小时候的事，才知道母亲用同样的方法笼络住了每个孩子的心，使每个孩子都觉得自己才是母亲最疼爱的那个。想到母亲对自己的良苦用心，大家不禁潸然泪下。

在这个故事中，我们看到了一位深爱自己的每一个孩子，又十分聪明的母亲。这位母亲知道如何让每个孩子心里都感到真正的快乐和幸福！这也让我想起了自己的母亲，在弟弟妹妹们不在眼前的时候，母亲也曾偷偷给过我好吃的东西，这就像我和母亲间的一个秘密。但我现在明白了，母亲和弟弟妹妹们之间可能也会有很多秘密。

当你学会笼络每个孩子的心时，就会让每个孩子都觉得自己是父母的焦点，是父母的最爱。

那么父母该如何笼络两个孩子的心呢？

当孩子无助的时候要多关心

孩子作业不会写时，陪在孩子身边，引导孩子解决作业遇到的难题；孩子因成绩下降，心中苦闷时，父母一定要帮他做试卷分析，并且设法帮助孩子补习功课；当孩子在学校和同学闹矛盾时，父母一定要学着察言观色，鼓励孩子将心中的不满讲给你听，帮助孩子排解内心的委屈；当我们的孩子生病卧床时，父母更应该加倍呵护他，让他感受到父母的温暖。

对孩子多表扬少批评

作为父母，我们都应该记得每一个孩子都像是埋在沙砾中的黄金，只等着你拥有发现美的眼睛去寻找到它的光芒。不要轻易地否定我们的孩子，父母要用鸡蛋里挑骨头的劲头发现孩子身上的优点，因为鼓励和表扬永远都是积极正面的教育方式。无论是谁，在面对批评时或多或少都会有抗拒的心理；无论是谁，听到别人的鼓励和表扬内心也都是欢喜的。作为父母，在孩子身上多寻找闪光点，在孩子面前多表扬肯定孩子的优点，少说些否定的语言，他还有什么理由不和你亲近呢？

做一个充满正能量的父母

喜欢并善于赞美的父母，总是能发现令人感动的事物，并将这一感动传递给自己的孩子。这种父母不会埋怨社会的不公，不会抨击别人的不足，更不会以傲人的姿态去贬低任何一个人；而是积极进取努力拼搏，包容他人的不足，欣赏别人的优点，热爱一切的美好和充满希望地活着。这种父母肯定能作为孩子的榜样，让孩子从内心深处充满敬佩之情，赢得孩子们的心。

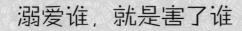

溺爱谁，就是害了谁

　　对于独生子女的家庭来说，大人们最容易犯的一个错误就是溺爱孩子，尤其是爷爷奶奶、外公外婆，更是无时无刻、无原则地"爱"孩子。而孩子在这种"爱"的包围之下，往往会变得自私自利、性格暴躁，有很多父母发出"独子难教"的感慨。至于溺爱的原因，我们在前面的某些章节中已经有所论述，所以也就不再赘言了。

　　那么，家有二宝的父母是不是就不会溺爱了呢？也不尽然，因为对于自己的孩子，每个父母都是发自内心的爱，尤其是觉得其中的一个孩子更像自己时，就会爱得更多一些，也会更宠一些，这也是一种溺爱。然而，不管是对于独生子女来说，还是对于两个孩子来说，溺爱都是一种危害。可以说，你溺爱谁，就是在害谁。只是对于有两个孩子的家庭来说，溺爱往往会产生双重的危害，一种是宠坏被你溺爱的孩子，一种是引起另一个孩子的嫉妒和怨恨。

　　北京某小区的一个家庭有一对双胞胎姐弟，今年已经三岁多了。其中，弟弟刚生下来时只有四斤重，所以妈妈潘女士便给了弟弟更多的呵护。为此潘女士让保姆带姐姐，自己则亲自带弟弟。潘女士几乎和弟弟形影不离，整天抱着孩子，即使是上卫生间也抱着。不仅如此，潘女士对弟弟更是百依百顺，要啥给啥，连平时说话都是慢声细语，生怕吓着孩子。对孩子的要求，她的口头禅更是"好好好，是是是"。

在潘女士的精心抚育下，弟弟的发育确实很好，身体也渐渐结实了。然而，弟弟的性格却越来越坏，既任性又蛮横，脾气也十分暴躁，平时总是欺负姐姐。遇到好吃的东西，弟弟有时为了不让姐姐沾边，甚至对姐姐大打出手，还有几次把姐姐的脸抓破了。

上了幼儿园后，弟弟更是整天欺负小朋友，不是抓破小朋友的脸，就是抢走小朋友的东西。有一次弟弟甚至把一碗饭故意倒在一位小朋友的头上。面对来自其他父母的声讨和老师的指责，心力交瘁的潘女士在朋友的指点下，带着弟弟到医院进行检查，结果发现孩子的身体很健康，大脑和神经方面也很正常。

潘女士只好又带弟弟到心理诊所，心理医师在和潘女士进行一番交流后，对潘女士说："是你对孩子的溺爱和呵护，才让孩子变成这样呀。""怎么可能？我所做的一切都是为他好呀！"潘女士满脸的迷惑。心理医师进一步解释说："的确，你的出发点是好的，孩子也一直沉浸在这种被妈妈呵护的幸福中。但这种过度的呵护，却让孩子误认为所有的人都必须护着他，宠着他，一旦有什么不如意的地方，他的情绪就容易失控，这是必然的。"

父母的溺爱不仅影响孩子良好性格的形成，更为可怕的是，还会使孩子患上抑郁症。据科学研究证明，抑郁的性格与缺乏父母的爱有密切关系，但极度宠爱孩子也会产生相似的结果。

曾经有一位年轻的妈妈，向心理专家哭诉自己孩子的无情，她说："平时我对儿子的关心可谓是无微不至，只要他提出的要求，我都尽量满足，在生活上从来没有让他受到任何的委屈。可是不知道为什么，儿子对我却非常冷漠。我过生日那天，朋友往家里打电话。恰巧我刚刚回家，儿子接电话后，朋友告诉他：'今天是你妈妈的生日呀！'他却冷冷地说：'我妈妈的生日关我什么事？又不是我过生日！'听了这话，我的心都伤透了，每次他过生日，我都会送给他一些贵重的礼物，难道他都忘了吗？"

还有一位妈妈，知道孩子平常最喜欢吃虾，尽管虾的价格很贵，但她还是买来给孩子吃，看着孩子津津有味地吃着，自己却舍不得动一下筷子。眼看着孩子已经吃完饭，妈妈忍不住想尝一只剩下的虾。"别动！"孩子瞪了妈妈一眼，"那是我的！"妈妈惊讶地看着孩子，不禁流下伤心的泪水。

从上面的这两个例子中，我们可以看出两位妈妈都十分疼爱自己的孩子，但却换来孩子对自己的无情和冷漠。为什么会这样呢？因为她们的这种"爱"，实际上已经变成了一种不利于孩子身心健康的"溺爱"了。

总之，爱孩子是父母的本能，但关键的问题就在于你是否懂得如何去爱。只有你真正了解自己的孩子，真正懂孩子，你的爱才能真正有着落。因此，请你从现在开始，果断地改掉对孩子溺爱的行为吧！

学习日本妈妈的育儿经

在日本，独生子女的家庭基本上没有，几乎每个家庭都有两个以上的孩子。在日本，孩子的教育大部分都是由妈妈负责的，所以在日本有很多的全职妈妈。这些全职妈妈对家庭教育的感悟也是最深的。

那么，日本妈妈究竟有什么不一样的育儿经呢？

在中国已经定居 5 年，亲自带着两个孩子的日本妈妈江利子，在谈起日本的家庭教育时，这样说道："跟中国家庭普遍由爷爷奶奶、外公外婆负责带孩子的方式不同，在日本，年轻妈妈基本都是自己带孩子。我爸爸退休后在家附近买了一块地，种了很多菜，而妈妈则学跳舞，退休后的长辈们在享受他们自己人生。"

江利子还认为，妈妈有责任创造温馨的家庭环境，让孩子们充分体会到自己的爱。"我家的大宝现在 5 岁，小宝两岁半，孩子读小学前是最重要的护理期，培养教育小孩是我目前最重要的工作。"家有二宝的江利子，心里装了满满的幸福。

至于妈妈要培养孩子的哪些技能，江利子也有自己的看法。她觉得应该从细节上培养孩子的独立意识。每天从起床开始，孩子要学会自己穿衣服、洗脸、刷牙、吃饭……而妈妈则站在一旁，看着孩子做这些事。而当被问到只有两岁半的小宝能不能做好这些时，江利子说："刚开始时肯定做得不好，但没有关系，只要让他学着哥哥的样子做就可以了。除非有些地方确实不能做的时候，我才会帮忙。"江利子告诉我们，因为日本的家庭都有兄弟姐妹，父母根本照顾不过来，所以小孩子必须学会做自己的事情，而且从两三岁就开始训练。

其实，江利子在刚刚当上妈妈的时候，也像很多年轻的父母一样，有些不知所措，曾一度对孩子要求过于严格，导致孩子压力太大，表现得也不好。后来，江利子才逐渐改变策略，尽量将一些问题简单化。比如，在家里的墙上贴上两张表格，分别罗列出哥哥与弟弟必须自己完成的事情。谁在哪个项目上表现好，就可以得到一个五角星。"弟弟一定要做的是自己穿脱鞋子、上厕所，对哥哥的要求也只有短短的几条，其中包括不能欺负弟弟。在这个年龄段的孩子，得到五角星就会很开心，所以他们都尽量做得更好！"

从这个案例中，我们可以得出这样一个结论，那就是如果妈妈亲自带孩子的话，就能够对孩子进行全面的了解，从而建立起良好的亲子关系，对孩子进行有针对性的教育。

除了亲自带孩子外，日本妈妈的教育经还体现在如下几点：

⬤ 杜绝偏听偏信

很多父母经常教导大宝要让着小宝，却从来没有想过这样对大宝是不公平的。我们平常教育孩子要做一个讲道理的人，但只让大宝让着小宝，在大宝看来，父母就首先不讲道理。其实，每个孩子都有自己的主张和意见，也都有得到父母关心和照顾的权利。平时大宝和小宝打架时，哭得厉害的往往是小宝，但如果细究原因的话，最不讲道理的多半是小宝。为什么呢？因为小宝知道父母可能会护着自己，所以就凭着自己小的优势反过来欺负大的。面对此种情况，当父母需要出面调解孩子之间矛盾的时候，最好不要带有任何偏见，也不要只相信一个孩子说的话，而是要结合孩子当时的处境和心情进行考虑，从而做出公正的判断。

⬤ 尽量避免"杀鸡给猴看"

我们都知道"杀鸡给猴看"能够起到很好的震慑作用，于是便将这种方法照搬过来用于教育孩子。然而，我们却忽略了一个最重要的问题，那就是人不是普通的动物，即使是很小的孩子，他也是有自尊心的。父母当着别人的面批评孩子，就会伤害到他的自尊心。不过，也要看实际情况，如果孩子犯的只是一些轻微的错误，当着另一个孩子的面批评他，确实可以起到提醒两个孩子的作用。但是，如果错误比较严重时，就应该尽量避免当着一个孩子的面批评另一个孩子。因为这样往往会让孩子养成互揭其短，嘲笑对方的坏习惯。

因此，在一个孩子犯了错误，又不涉及另一个孩子的时候，最好还是在他一个人的时候，再对他进行批评教育。

⭐ 给孩子理性的爱

在东京的某所大学里，曾发生了这样一件事。一位女教授为了照顾父母的生活起居，终身未嫁，一直和父母共同居住。后来父母去世时，还为他们办了体面的葬礼。大家知道这件事后，都感慨这样孝顺的儿女在日本真是少见，而她的父母也真是好福气。（注：在日本，除非经济上有依存关系，老人一般都和孩子分开居住，坚持生活自理到最后。）这时，那位女教授却说出了事情的真相："从我小时候开始，父母就一直偏爱姐姐，他们总是觉得姐姐比我优秀，也比我懂事，从他们的眼神里，我就能看出来他们更喜欢姐姐。然而，他们最喜欢、最疼爱的姐姐现在却远在外地生活，根本没有照顾他们，给他们送终的人却是我。而我这样做根本不是孝顺，而是报仇，因为父母在临终的最后一刻，他们最依赖的人是我，而不是姐姐，所以我才是最后的胜利者。"

很多妈妈都有过这样的经历，那就是生大宝的时候，由于第一次当妈妈，所以终生难忘，尤其是第一次听到孩子叫自己妈妈时，那种激动更是无以言表。而生小宝的时候，很多事情就变得不再那么神秘和新鲜了，因为很多生命中的第一次感动在生大

宝时都已经历过了，有了小宝后再做同样的事，就变得习以为常。当小宝第一次叫爸爸妈妈时，在父母看来，也不过是发育正常的表现。正是因为父母在照顾大宝时，由于没有经验，付出了很多精力，所以对大宝也往往更加偏心。比如，曾经在电视上看到有个艺人在节目里抱怨自己小时候在家里所遭到的不公待遇，就因为他在家里排行老三，所以根本不受父母的重视。当时哥哥有 10 本影集，姐姐也有 5 本，而这位艺人却只有可怜的 1 本；在学校里，也有不少孩子一说起自己的家庭就充满了怨气，因为父母更偏心哥哥姐姐。

其实，父母这种不公平的爱，就是缺乏理性的爱，而父母这种带有偏心的爱，往往就是兄弟不和的根源。所以，要教育好两个孩子，就必须给予他们平等的爱，尤其是将这种爱表现在日常生活中时，一定要尽量让他们感觉到父母的平等，因为当孩子感觉到父母对自己不公平时，心里就会感到委屈，甚至还会将这种委屈转化成对兄弟姐妹和父母的怨恨。

总之，要同时教育好两个孩子，并不是多么困难的事，只要你带着一颗赏识的心去教育他们，他们就会变得越来越优秀。当然了，要同时带好两个孩子，也并不是那么简单的事，因为他需要父母付出的是理性的、公平的爱，而不是盲目的、私心的爱。

PART 7

一视同仁，用爱心激励孩子

　　在这个世界上，从来就没有过十全十美的人，就算是那些为人类作出过卓越贡献的伟人、大师、天才，他们的身上都存在着或多或少的缺点。所以，我们也没有必要因为自己的孩子身上有一些缺点而过度焦虑，因为每一个孩子都拥有属于他的天赋，关键要看你是否能够发现并加以正确引导。退一万步说，就算这个世上没有别的人看得起我们的孩子，我们也要眼含热泪地欣赏他、拥抱他、赞美他，这是我们创造的生命，所以我们应该为此而感到自豪。

家有两孩，家庭教育如何升级

　　家有二宝，一定会使家庭发生很大的变化。而面对这种变化，除了大宝可能一下子无法适应之外，作为家长，也要面临着新的负担。这种负担不仅仅是物质上的，同时也是精神上的，正所谓"生容易，养不易"。毕竟要养好一个孩子，并不是给他吃好穿好那么简单，最关键的是家庭教育如何升级。

　　不过，在实际的生活中，可能并没有我们想象的那么复杂，也没有我们想象中的那么简单。说它没有那么复杂，是因为在日常的教育中，你也许只需要增加 50% 的工作量，因为只要把大宝教育好了，他自然就会起到一个榜样的作用，甚至帮你也把小宝带好。说它没有那么简单，是因为父母和孩子之间，孩子与孩子之间并不是一种固定程序，1+1 的答案实在有点复杂，也有点微

妙。如果处理得好，答案还是1，因为两个孩子本来就是一个整体；如果处理得不好，那么答案就有可能是3，也可能是4，因为你从此将有可能陷入孩子的包围之中，再也无法脱身。

那么，家有二家，家教教育该如何升级，才让家庭更和谐，让孩子更加健康成长呢？

最近，张先生的二宝顺利出生了，不但大人们很高兴，就连大儿子聪聪也十分兴奋，经常逢人就说："我有弟弟了，我当上哥哥了！"

其实，在张先生的爱人刚刚怀上二宝时，4岁的聪聪就表现得异常敏感。因为经常有邻居跟他开玩笑："等你妈妈生了小弟弟后，她就不要你了。"使得聪聪的心理产生很大的危机感，聪聪每到晚上时，都会吵着要跟妈妈睡，还会在睡前问妈妈："妈妈，你不喜欢我了吗？"弄得妈妈哭笑不得。经过爸爸妈妈再三解释，并一再保证还会像以前一样爱他，聪聪才慢慢接受了这个还没出生的弟弟。

现在，小宝出生后，作为哥哥的聪聪表现得十分积极。每天从幼儿园回家后，第一件事就是先看弟弟，并拿出自己的玩具和弟弟分享，而且还经常问父母："弟弟什么时候才长得像我一样大呀？我想带着他一起出去玩。"不过，有时候当大人们都围着弟弟转，没人理他的时候，他也会哭闹："我要妈妈陪我玩。"

为了拉近两个宝宝之间的距离，张先生经常会在照顾小宝的同时，给聪聪讲一些他小时候的故事。并告诉他，在他还像弟弟这么小的时候，爸爸妈妈也是这样照顾他的。这样，聪聪对弟弟的感觉也越来越亲切。

当然了，两个孩子之间相处时，也偶尔会互相吃点小醋。例如给一个孩子买礼物时，就一定要给另一个孩子也买，而且还不能一样，不然就会闹脾气。所以，张先生便教育哥哥要保护好弟弟。而当哥哥学会迁就弟弟之后，弟弟也渐渐学会了谦让。

"其实，养两个孩子，反而比独生子女更好教育、更好沟通。因为当家里只有一个孩子的时候，大人都会向孩子争宠，难免就会对孩子溺爱，使孩子逐渐养成以自我为中心的习惯；而有兄弟姐妹的孩子，通常能更快学会如何与别人相处，并懂得为他人着想。"张先生最后总结道。

在这个案例中，张先生对家庭教育的升级，应该说是很成功的。其实，不管是教育独生子女，还是教育两个孩子，都会面临一系列的问题，关键在于如何及时发现问题，并将问题解决在萌芽状态。如果等到问题已经成为问题，并形成"燎原"之势时，才想到要解决，那就为时已晚了。

可以说，家有二宝的父母是幸运的，但如果没有将家庭教育进行相应地升级，那么不管是对于父母来说，还是对于孩子来说，都将存在很多问题。为了使孩子能够健康快乐地成长，也为了使父母减少一些不必要的负担，家有二宝的父母至少应该遵循如下几点。

★ 要做好大宝的教育工作

在小宝到来之前，父母要给大宝做好心理准备，使他明白有了弟弟妹妹就有了玩伴，就多了一个帮手，使其对弟弟妹妹的到来充满期待，并让他知道有了弟弟妹妹后，父母仍然爱他。

★ 坚持正面教育

在二宝到来之后，要为大宝提供机会，让他体验到帮助和关心他人的快乐，体会到作为哥哥姐姐的自豪感，尤其是当大宝表现出对弟弟妹妹的关爱时，父母要及时给予表扬。在教育孩子方面，有一个定律是必须要记住的，那就是：你希望孩子成为什么样子的人，就经常给他讲什么样的话；你不希望他成为什么样的人，就不要给他讲什么样的话，即使是批评也不可以。

★ 父母自己要做好充分的准备

对于生育二宝，父母之间要做好协商，取得家庭成员的支持，并做好职业生涯的规划，不要因为二宝的到来而手足无措，更不能因为生二宝对自己的工作有影响而迁怒于孩子。同时，父母要明白，经济不是最关键的问题，只有幸福、温馨、积极向上的家庭环境，才真正对孩子的成长产生最直接的影响。因为养育孩子，最重要的是呵护好他们的心灵。

⭐ 充分发挥孩子之间的互动价值

家有二宝的家庭和独生子女家庭相比，最突出的优点是有两个孩子，而孩子们之间的交流、互动，对孩子成长具有比成人教育更大的作用，甚至可以说这是家有二宝的家庭教育成功的重要因素。

⭐ 给孩子创造交流的机会

在日常的生活中，父母应该尽量多地给孩子创造相互学习、相互帮助、合作分享、相互竞争等机会。这样，不但可以培养孩子间深厚的亲情，而且还可以最大限度降低因父母精力不足而带来的不利影响。

⭐ 杜绝偏爱和盲目攀比

17 世纪捷克著名的教育家夸美纽斯曾说过："儿童比黄金更为珍贵，但比玻璃还脆弱。"的确是这样，每个孩子在童年时期，内心是柔弱的，易碎的，也是最惹人疼爱的。所以，父母应该像园丁一样，细心呵护孩子幼小的心灵，尊重孩子的天性，学会站在孩子身后欣赏孩子的进步，千万不要把孩子当成自己理想的寄托或者事业的继承人，而是要培养孩子独立自主的意识和能力，让孩子成为自己生活的主宰者。

上述的这几个方法，其实我们在前面已经有所提及，而我们之所以在这里又重新罗列出来，不仅仅是一种总结，而是因为这几个方法实在太重要。当你将其运用在现实的教育中时，或许就会有"听君一席话，胜读十年书"之感。

家有两孩，有爸爸陪伴会更优秀

　　雪梅虽然是一位全职妈妈，但自从生了二宝琪琪之后，就再也没办法一个人照看两个孩子，于是便决定让老公阿东来帮忙。阿东在一家建筑公司当工程师，平时工作比较忙，而且经常出差，一年到头，在家的日子都可以数出来。

　　琪琪出生后，雪梅原本以为自己一个人可以照看好两个孩子，结果没过几天就累倒了。无奈之下，只好让阿东申请转到别的部门，从事一个相对比较闲的职位，虽然阿东工资降了点，但终于结束了常年出差的日子，多出很多时间帮忙照看孩子。

　　在琪琪出生之前，大儿子瑞瑞都是雪梅一个人照看的。但自从阿东有了更多的时间陪伴孩子之后，雪梅就发现，不但自己的压力减轻了，更让她惊喜的是，瑞瑞也和以前不一样了。虽然只有短短的两个月时间，瑞瑞却有了很明显的变化，不但会主动帮妈妈做一些事，而且也不再像以前那么娇气。

　　孩子在成长的过程中，十分需要爸爸的陪伴。儿童心理学家经过调查研究，也得出了这样的结论，那就是有爸爸陪伴的孩子，智力水平将更高，适应能力、独立意识、动手能力等方面也会更强。

　　那么，为什么有爸爸陪伴的孩子会更优秀呢？爸爸在教育孩子方面，又有哪些优势？

★ 爸爸的知识面更广

　　一般情况下，爸爸和妈妈对孩子的教育方式是不一样的。相对来说，妈妈的感情比较细腻，所以对孩子的吃穿方面关注比较多，平常给孩子讲故事时，也往往只限制于一些童话故事。而爸爸的知识面一般比较广，尤其对历史、地理、哲学、军事等比较感兴趣，所以给孩子讲故事时，题材也比较多，比如历史故事、各地的风土人情、人物传记等。爸爸在拓宽孩子的视野，丰富孩子的知识面等方面，都要比妈妈更胜一筹。

此外，由于男人和女人在性格方面的差异，爸爸妈妈对孩子成长过程中的影响也是不一样的。妈妈往往更注重孩子的身体发育，希望孩子吃得好，长得健康、漂亮，还有一个聪明的脑袋；而爸爸则更注重孩子个性的培养，尤其是在人格形成的关键时期，爸爸的指导更为重要。如果是男孩的话，

他可以从爸爸那里学到坚毅的品格和"男子汉气概"；女孩则可以从爸爸身上学到与异性交往的经验，以及待人接物的能力。

★ 爸爸更注重培养孩子的独立意识

每当孩子参加活动时，妈妈往往习惯于站在孩子旁边照看着，总是担心孩子一不小心就会受伤。但爸爸就不会这样，他会不断传递给孩子独立、自强、果断、勇敢等精神，当孩子不小心摔倒了，他不会像妈妈那样丢了魂似的跑过去将孩子扶起来，而是鼓励孩子自己爬起来。

一般情况下，爸爸更喜欢自强自立的感觉，所以也会教育孩子要自强不息。所以，爸爸往往不会包办孩子的一切，更不会溺爱孩子，而是鼓励孩子学会自己处理问题。

此外，由于男性都具有冒险精神，自然爸爸对孩子的冒险行为也会适当给以鼓励，比如当孩子要爬高时，妈妈往往会严厉批评，但爸爸会伸出大拇指，对孩子说：太棒了！

☆ 爸爸会让孩子的性格更坚强

在性格的养成上，爸爸和妈妈对孩子的影响也是有区别的。妈妈往往使孩子拥有细腻、丰富的情感，而爸爸则会使孩子养成坚毅、沉着、理性的性格。也就是说，妈妈给予孩子的是温和细腻的情感，让孩子拥有一颗怜悯之心；而爸爸给予孩子的则是刚强的力量，让孩子拥有强大的内心。

爸爸在和孩子的相处中，更多的是让孩子明白纪律和规范。所以在孩子心目中，爸爸往往是威严和规范的象征，这使孩子在做事前会顾及一下自己的行为是不是能被爸爸接受，并考虑到自己的这个行为可能会产生的后果，这就在无形中约束了孩子的行为。

此外，爸爸对新生事物通常比较感兴趣，这也会激发孩子对新事物的兴趣。男性一般比较喜欢下棋，所以也会教孩子下棋，如跳棋、军棋、象棋、围棋等。这些棋类都可以培养孩子的逻辑思维能力。

☆ 爸爸更关注孩子的动手能力

在教育方式上，爸爸一般会鼓励孩子自己动脑子想事情，并自己动手把事情做好。如果孩子把玩具拆开，妈妈会因为孩子"搞破坏"而把他大骂一顿。但爸爸却常常不以为然，甚至还会和孩子一起拆玩具，满足孩子的好奇心，然后再教他把玩具装好。

事实上，爸爸在日常生活中的一举一动，都在潜移默化地影响着孩子，对孩子的成长有着独特的作用。心理学专家也认为，在对孩子的教育上，爸爸拥有更多的优势。由爸爸带大的孩子，性格会更开朗，心态会更乐观，学习成绩会更好，在社会上也更容易成功。

总之，父爱如山，母爱似海，爸爸和妈妈在家庭教育中各有优势，只要做到阴阳互补、平衡，才能对孩子的成长更有利。

学会放手，让孩子自己成长

　　如果家里只有一个孩子时，或许你会严格管教，毕竟没有规矩不成方圆。但如果家里有两个孩子时，你就应该强迫自己睁一只眼闭一只眼。为什么呢？因为家有二宝之后，就不再是一加一等于二那么简单，所以如果你还像以前一样事无巨细，往往会让你不堪重负。更为重要的是，两个孩子在一起会起到互助成长的作用，他们之间的互动会比成年人的插手更有效，也更和谐。也就是说，孩子们也有他们共同遵守的规矩。这个时候，如果你不学会适当放手，那就只会让自己徒增烦恼了。

　　徐女士在刚刚喜得二宝的时候，曾经兴奋了一阵子，因为自己也终于有了两个宝宝，而且是一女一男。然而，没过两年，烦恼就来了。原来，两个宝宝一起玩的时候，老是喜欢抢东西，姐姐会动手打弟弟，弟弟于是就还手。徐女士怕他们打起来，赶紧把他们分开，而且不让弟弟跟姐姐玩。但这样一来，姐姐却觉得更委屈了，妈妈只好又哄她。后来姐姐虽然不再动手打弟弟，却变成两人对吼，而且姐姐还经常找爸爸妈

妈告状，一会儿说"弟弟掐我的胳膊了"，一会儿又说"弟弟抢我的车子了"；今天说"弟弟抓我的头发了"，明天说"弟弟把我衣服弄脏了"。这样来说，弄得徐女士每天都要处理姐弟俩的问题，根本没有时间再做正事。

　　在现在的生活中，很多妈妈也会像徐女士那样，每次孩子发生争执的时候，就充当起公正的判官，但这样一来，有时反而激起孩子的叛逆。其实，孩子之间的事，让大人来做判官未必是好事，因为这不仅仅是对错的问题。所以，聪明的父母们在处理这些事时，基本上不会去强调到底谁对谁错，而是分开去教育，引导孩子们进行换位思考，把重点放在应该怎么解决问题上。这样一来，反而使孩子更能明白事理，更愿意让步。

　　其实，孩子间的相处很直接，也很单纯，好的和不好的都会直接表达出来。所以有时候大人的处理方式，未必适合他们。而且父母直接干涉，也会使得他们失去宝贵的学习和成长机会。很多事情，如果父母直接帮他们完成了，那么他们就只是学会发现问题，却没有学会如何解决问题。所以，当我们留给孩子们更多的空间和自由，让他们自己去探索时，我们可能就会发现，他们成长得比我们想象的还要好。

　　写到这里，不禁又想起了那个非常经典的童话故事《小马过河》。

马棚里住着一匹老马和一匹小马。有一天，老马对小马说："你已经长大了，能帮妈妈做点事吗？"小马连蹦带跳地说："怎么不能？我很愿意帮您做事。"老马高兴地说："太好了，那你帮我把这半口袋麦子驮到磨坊去吧。"

小马驮起口袋，飞快地往磨坊的方向跑去。跑着跑着，突然有一条小河挡住了去路，河水哗哗地流着。小马为难了，心想：我能不能过去呢？如果妈妈在身边，问问她该怎么办，那多好啊！但这里离家已经很远了。小马向四周望了望，看见一头老牛在河边吃草，于是小马"嗒嗒嗒"跑过去，问道："牛伯伯，请您告诉我，这条河深不深，我能蹚过去吗？"老牛说："水很浅的，刚没过小腿，当然能蹚过去。"

小马听了老牛的话，立刻跑到河边，准备过河。突然，从树上跳下一只松鼠，拦住他大叫："小马！别过河，千万别过河，你会淹死的！"小马吃惊地问："这条河的水很深吗？"松鼠认真地说："是呀，深得很哩！昨天，我的一个伙伴就是掉在这条河里淹死的！"小马一听，连忙收住脚步，不知道怎么办才好。结果，他叹了口气说："唉！还是回家问问妈妈吧！"

小马甩甩尾巴，跑回家去了。妈妈问他："怎么回来啦？"小马难为情地说："有一条河挡住了去路，我……我过不去。"妈妈说："那条河不是很浅吗？"小马说："是呀！牛伯伯也这么说。可是松鼠说河水很深，还淹死过他的伙伴呢！"妈妈说："那么河水到底是深还是浅呢？你仔细想过他们的话吗？"小马低下了头，说："没……没想过。"妈妈亲切地对小马说："孩子，光听别人说，自己不动脑筋，不去试试，是不行的，河水是深是浅，你去试一试，就知道了。"

小马又跑到河边，刚刚抬起前蹄，松鼠又大叫起来："怎么？你不要命啦？"小马说："让我试试吧！"于是，小马下了河，小心地蹚水到河的对岸。原来河水既不像老牛说的那样浅，也不像松鼠说的那样深。

今天再读这篇《小马过河》的故事，你有什么感想呢？其实，这篇故事不仅仅是为教育孩子而写的，更是为了教育我们这些身为教育者的家长们而写的。想一想，作为家长的我们，有多少人在扮演着老牛和松鼠的角色，给孩子各种各样的规定，处处限制着孩子？又有多少家长像老马一样，在真正意义上教育和引导孩子，让孩子学会成长呢？

教养上，专家老师都建议要赞美多于责骂

专家建议赞美多于责骂，但不宜过度赞美，因为过度的赞美有可能让孩子无法忍受"没被赞美"的挫折。人当然不可能十全十美，过度赞美有时会让孩子对自己要求过高或者无法接受自己不是第一名的心态。

父母先观察孩子情绪，冷静理性处理

当开始进入有兄弟姐妹的生活后，孩子就会不自觉地开始有比较和得失心，这样复杂的情绪感受也正慢慢磨炼孩子对挫折的忍耐力。此阶段的爸爸妈妈可以观察孩子情绪，当孩子主动流露出挫折情绪时，要对孩子说："这次的作品没有被老师赏识，也没有达到我们预期的效果，宝贝的内心很受伤，其实这就是挫折。"这么一席话会让孩子明白这种感觉原来就是挫折，并且明白每个人面对挫折时都会有同样的感受；当孩子能够正确认识并接纳自己的情绪时，就可以冷静和理性地处理解决。

情绪教养三要三不要

若父母无法察觉孩子的情绪，很容易硬碰硬，反而造成更大的冲突；除了要给予孩子时间和关注来舒缓紧张的亲子关系以外，还要让孩子愿意跟父母诉说。提醒父母在面对孩子情绪教养时，要做到"三要"：给予具体的赞美、高品质的陪伴、享受亲子互动的时间，还要避免"三不要"：不要带有情绪地责骂、不要设定标准不一的规则、不要给一连串命令但是未确实执行。

现代社会父母都对孩子宠爱有加，事事都想着为孩子做好，使得孩子习惯于寻求大人的协助，不愿意自己面对挑战和挫折。父母放手让孩子试，才能让孩子在错误中获得成长。所以，与其给孩子立下那么多的规矩，这个不行，那个不可以，不如适当放手，让孩子学会自己成长。这样，既让孩子高兴，又让家长自己减轻负担，何乐而不为呢？

承认孩子个体的差异性

《三字经》说："人之初，性本善。性相近，习相远。"意思是说，每个人刚出生的时候，他的性情都是向善的。也就是说，先天的性情都差不多，但后天的学习却使每个人千差万别。每个孩子其实都有成才的基因，只要父母顺着孩子的成长规律去培养，孩子的潜能就会源源不断地被激发出来。要使两个孩子都能够成才，就需要父母放下偏见和个人的好恶，以一种没有"分别心"的态度去教育他们，引导他们。

不管是独生子女家庭，还是有两个孩子的家庭，在很多父母的潜意识里，都隐藏着两个小孩，一个是"好孩子"，另一个则是"坏孩子"。"好孩子"是指孩子身上与生俱来的潜力、智能，以及现在所体现出来的优点、长处等，这些是我们希望在孩子身上发生的一切美好事物；"坏孩子"是指孩子身上的缺点、短处，以及我们不希望在孩子身上发生的一切不美好的东西。真正懂得爱孩子的父母，他们的一言一行都在唤醒"好孩子"；而不懂得如何爱孩子的家长，却往往会逼出"坏孩子"。

实际上，孩子并没有好坏之分，只存在某种个体的差异，这是为人父母者必须弄明白的。正如世界上并没有完全相同的两片树叶一样，这个世上也没有完全相同的孩子，因为每个孩子都有属于自己的个性和气质。虽然两个孩子来自同一母体，但气质、相貌和性格却不可能完全相同，从头发丝到脚趾头，两人几乎没有完全相同的地方。尤其是男孩子和女孩子，就更是完全不一样了。比如，有的孩子晚上睡觉时很少让父母

哄，只要困了，躺下就能睡着；而有的孩子就不是这样了，如果没有妈妈抱着，肯定不会睡，而且还会一直哭泣，让人不得不抱他，甚至他睡多久，父母就得抱多久。

说到这里，你可能会觉得，对男孩子抱得不够多，会使他们不能充分享受父母的爱抚，并直接导致他们长大后缺乏情感的体验。如果你真是这样认为，那你就多虑了。实际上，男孩子和女孩子天生就存在差异，比如男孩子长到四五岁之后，基本上就不大让大人抱了；而女孩子就不同。

对于男孩子和女孩子的这种差异，我们能说哪一个好，哪一个不好吗？再比如男孩子往往会淘气一些，而女孩子则相对会文静一些。父母对他们的操心也不一样，有的要操心多一些，有的基本上不用操心。所以，父母要根据孩子的这些差异，有所分别地对待孩子，但这并不说明父母就可以偏心。

其实，不管孩子是优秀的，还是平凡的，也不管他是调皮的，还是乖巧的，都是父母的心头肉。每个孩子的一举一动，也都在父母目光的注视之下，这种目光可能是慈爱的，也可能是严厉的。不管哪个孩子受到伤害，都会牵动父母的心。

有一位"重男轻女"的母亲，平时总是护着弟弟，而对姐姐的关心却相对要少一些。有一次，儿子开玩笑地对母亲说，"如果我是女孩的话，你是不是会一直生下去，直到有个男孩为止？"母亲笑着骂孩子，却默认了。可以说，从小到大，母亲都以弟弟为骄傲，而姐姐也事事谦让着弟弟。从表面上看，母亲一辈子好像是为儿子而活着，但实际上，姐姐对于母亲而言，在心里却同等重要，毕竟手心手背都是肉。后来，母亲病重，去世前把弟弟叫到跟前，对弟弟说，等她和父亲去世后，希望把自己的住宅留给姐姐。

对于母亲的这个决定，弟弟也十分理解，因为他知道在妈妈的感情里，两个孩子是同等重要的，只是表达的方式不同罢了。

上面这个故事中的母亲，或许真的是"重男轻女"，但这并不妨碍她对女儿的爱。实际上，有的父母可能喜欢男孩多一些，有的父母则喜欢女孩子多一些，这些都是个人的喜好问题，本身并没有对错。但是，如果觉得大宝比较懂事，就喜欢大宝，处处想着大宝；而小宝比较调皮，就心生厌烦，感觉是给自己添麻烦，那就不对了，而且后果会相当严重。如果孩子意识到这一点，有时会心生怨恨，而这种怨恨可能会持续相当长的时间。

总之，在对两个孩子进行教育时，父母仅仅拥有一颗爱心是远远不够的，更重要的是要懂得承认孩子之间的个体差异性，这才是关键。只有在这种认识下，给予不同特质孩子平等的关爱，他的身心才能健康，他的人格才能健全。

每个孩子都有无限的潜能

作为父母，我们都希望自己的孩子能成为像爱因斯坦、爱迪生这样的天才，希望自己的孩子具备超群的智力与天分，希望自己的孩子拥有与众不同的技能。

那么，什么是天才？天才就是天生之材吗？你的孩子是否与天才有缘？怎样才能把孩子培养成为天才呢？

其实，每个孩子在刚出生时并没有什么差别，都拥有成为天才的潜质，只是由于后天所接受的教育不同，所以长大后才有那么多的差别。

★ 天才并非天生之材

一百多年来，人类对于天才之谜的探索从未间断过，尤其是随着现代生物科学的发展，更是促使人们想从大脑的解剖研究中解开天才之谜，看看那些天才人物的大脑究竟与一般常人的大脑有无差异。人们兴致勃勃地渴望将来有一天能够找出那些天才人物在生理上的奥秘。然而，到目前为止，所有的研究结论都表明，绝大多数天才人物的大脑和普通人并无差别。著名的天才脑髓研究专家罕塞曼博士曾对一些天才人物的脑髓进行详细的研究，但他同样没有得出任何有关天才的大脑与普通人大脑有任何差异的结论。

事实上，很多被人们称为天才的人在年少时，也跟一般的孩子没有什么区别。比如，牛顿在 19 岁去伦敦剑桥时，除了基本算术之外，成绩平平；爱迪生小时候只读了 3 个月的书就被迫休学了，从此再也没有进入过学校。可以说，在他们潜心致力于自己的发明创造并取得成功之前，没有人知道他们就是真正的天才。

曾经有这样一对兄弟，哥哥小的时候表现得很木讷，甚至到了 3 岁还不完全会说话；而弟弟就比哥哥聪明很多，各方面也发育得比较好，在两岁多的时候就已经显得很有辩才，有时候甚至连父母都说不过他。所以，邻居们都很欣赏弟弟，并认定他长大后一定很有出息，而哥哥则注定不能成器。然而，这兄弟俩长大后的表现，却推翻了人们当初的猜测。哥哥长大后，虽然还是话不多，但却很踏实，喜欢安静，并善于

将自己的思考转变成文字，经过自己的努力最后成为一位颇有名气的作家。而弟弟却整天游手好闲，还经常因为一些小事跟别人吵架，已经40岁了却还没有成家。

为什么兄弟俩长大后反差如此之大呢？其实，这兄弟俩都各自有自己的优势，也都有自己的劣势。哥哥的优势是踏实，劣势是反应比较慢；弟弟的优势是反应快，劣势是过于急躁，而且还自以为是。所不同的是，哥哥懂得扬长避短，而弟弟则"扬短避长"，所以才导致了他们不同的命运。

⭐ 天才是这样打造出来的

多年来一直致力于智力和特殊才能研究的英国心理学教授麦可侯威曾经强调说："我们无法否认天才非常特别，但我们不能把这种特别完全归因于一个人天生的禀赋。"这个结论恰恰和我们上面所说的一样，那就是一个天才的诞生并不是取决于天生的禀赋，而是取决于后天的培养和努力。

所以，作为父母，应该善于发现孩子不同的个性，然后根据实际情况，引导孩子朝着适合自己的方向努力，这样才能够让孩子顺利成才。

⭐ 发现孩子的天赋

发现孩子的天赋是培养天才的前提条件，也是必要条件。因为成为天才意味着要充分发挥天赋潜能，而一个人如果没有某方面的天赋，不管他再怎么努力也只能徒劳无功。每个孩子都有自己不同的天赋，重要的是，作为孩子的父母要摸准脉搏，及时把孩子的优势激发出来并发扬光大。然而，现实生活中，很多家长却不能理性地发现孩子的天赋，而是一味地将自己的希望"变成"孩子的天赋去"开发"。希望孩子成为画家，父母就认定孩子会有画画的细胞；希望孩子将来从事文艺工作，就觉得孩子吹拉弹唱都能出彩。父母毫不理会孩子是否真的有这方面的天赋，孩子的真实感受是什么，父母这样怎能培养出天才呢？

⭐ 引导孩子树立远大的目标

古人云："取法乎上，仅得其中；取法乎中，仅得其下。"其实，"取法"的原意是"效法"的意思，但在这里我们不妨把"取法"理解为"自己制定目标"。比如，在给孩子讲一些天才成长的故事之后，我们可以这样问孩子："你长大之后想做什么呢？"孩子可能会回答："我想成为像爱因斯坦那样的人！"或说："我想当一名最伟大的科学家！"这个时候，父母不要对孩子的豪言壮语流露出自己的不屑，而是要相信，只要不断强化这个理想，给孩子足够的信任，孩子为自己制定的目标越高，他就越会积极地付出自己的努力，并不懈追求。然而，我们也应该明白这样一个事实，那就是一个人树立远大目标，最终也许只能达到中等目标；如果树立的是中等目标，也许只能达到低目标；如果树立的就是低目标，很可能他连最低的目标也达不到。

当然，我们不能为了培养孩子树立远大的人生目标，就在实际的学习过程中过分苛求孩子。在按照计划鼓励孩子主动学习的同时，父母还应该想到，他有没有足够的玩耍时间，有没有足够的休息和睡眠时间，有没有足够的与外界接触的机会等。因为这些都是培养一个阳光健康孩子的基本条件。也就是说，父母在培养孩子树立远大目标的同时，更应该客观地看待孩子的素质、潜能和心理承受能力。这样，我们在培养孩子的同时，才能始终保持平和的心态和理智的行为。

⭐ 培养孩子坚忍不拔的毅力

有人说，天才的孩子是"玩"出来的，但到底应该怎样玩，却是大有学问的。如果今天玩这个，明天玩那个，今天高兴就玩，明天不高兴就不玩，完全是为了"玩"而"玩"，当然玩不出什么"名堂"。真正聪明的父母，会教孩子有目的地玩，并在玩的过程中培养孩子，引导孩子学会坚持，培养他具有坚忍不拔的毅力和不畏艰险、勇于探索的精神。

其实，我们没有必要总羡慕那些天才，因为从孩子出生的那天起，一个天才就已经在你身边了，只是他需要你的引导，需要你的付出，需要你给予更多的爱和关怀，才能够真正成为对社会有用的栋梁之材。

"聪明"孩子与"笨"孩子

美国哈佛大学心理学教授罗森塔尔曾经做过这样一个比较特殊的实验：刚开始时，他把一些"聪明"的老鼠交给一位实验员训练，又把一些"笨"老鼠交给另一位实验员训练。过一段时间后，他便把这些老鼠都放进迷宫里进行测验，结果发现那些"聪明"老鼠比"笨"老鼠要灵巧得多。但是，谁也没有想到，罗森塔尔教授事先并没有考察过这些老鼠，所谓的"聪明"老鼠和"笨"老鼠，只是他随意区分的，而实验员却根据他的评价产生了不同的想法和做法，最终导致了不同的训练效果。

后来，罗森塔尔教授又把这种实验方法扩大到学校和家庭的教育中，并取得了卓著的成效。

从罗森塔尔教授这些实验中，我们至少可以得到如下几点启示：

第一，当我们把孩子当成"聪明"的孩子来培养时，孩子自然就会越来越聪明；当我们把孩子当成"笨"孩子来看待时，孩子自然就会真的越来越笨。

第二，孩子是一个独立的个体，他也需要父母和别人的尊重，需要宽松愉悦的生活环境，而不是处于被歧视和漠然对待的位置。因此，作为父母，一定要从心里尊重每个孩子，不要为了赞美老大就故意贬低老二宝，也不要为了激励老二就不理老大。当你把其中的一个孩子说成笨孩子时，他的心灵就会笼罩着一层挥之不散的阴影。因为孩子的心理本来就很脆弱，而且很敏感，父母的这种负面评价只会使孩子产生一种无形的羞辱感。

第三，每个孩子都需要表扬和鼓励，当父母对孩子有更多的信心和好感时，孩子自然就会受到激励，进步也会越来越快。

据儿童教育专家研究和实践证明，人的智商表现符合正态分布规律。所谓"正态分布规律"是概率论里的一个概念。比如，在成年人当中，像姚明一样个子特别高的人很少，而个子特别矮的人也同样很少，中等个子的人最多。智商的表现也是如此，特别聪明和特别笨的人都是很少见的。

其实，很多孩子之所以"笨"，并不是先天智商有问题，而是家长的教育方法不当造成的。面对这样的孩子，很多家长会因为孩子太"笨"从而失去信心，甚至在平时与孩子讲话时口无遮拦，给孩子的心灵造成极大的伤害。

曾经有专家到学校做过这样一个调查，其中有一个问题是这样的："你最讨厌爸爸妈妈说你什么？"而孩子的回答大都类似于"他们总是说我笨"、"爸爸妈妈说我不是学习的料"……童言无忌，孩子的话就是他们内心最直接反映，孩子的话也应该引起父母的反思！

另外，一些父母虽然对孩子早期智力的开发很关注，但由于认识不到位，对孩子个性的培养不够，结果导致孩子对学习、生活等事物的认识和态度不当，思想上缺乏积极性和进取心，进而使他们的智慧和能力发展受到极大的阻碍，浪费了宝贵的学习机会，甚至失去继续受教育的机会。

具体来说，父母应该怎样做，才能让孩子变得越来越聪明呢？

★ 多与孩子谈话

俗话说："言为心之声。"对于孩子来说，语言是他内心的最直接表露。另外，一个人在对话中的反应速度，也是他智力水平高低的标志。因此，经常与孩子进行交流，不但可以加强孩子的语言表达能力，还可以促进孩子的逻辑思维能力，提高孩子解决问题的能力。

在与孩子谈话时，父母最好掌握以下几点技巧。

·反问

孩子对周围事物往往充满好奇，他们常常喜欢问父母许多"为什么"。其

实这是件好事，说明他们有旺盛的求知欲。如果这时候，父母能够抓住时机，对孩子进行反问，往往更能激发他探索答案的兴趣和动力，使他变得越来越聪明。相反，如果父母感到不耐烦，甚至批评孩子"钻牛角尖"，孩子自然不会再有那么多的问题，当然他也会变得越来越"笨"了！

· 随时交流

与孩子交谈应该随时进行，而不一定非要在一个特定时间里进行。比如，睡觉前、晚饭后、接送孩子回家的路上，父母都可以随时随地寻找能开阔孩子眼界和心胸的话题，从而使亲子双方都能从谈话中产生愉快的感觉。需要注意的是，对于孩子提出的一些问题，不管有多么的简单和幼稚，父母都应该认真对待，耐心地解答，切忌对孩子提出的问题进行取笑，甚至讥讽。因为这样会大大损伤孩子的好奇心，进而影响孩子对事物的探索兴趣，影响想象力的发挥。当然，对于自己也不知道答案的问题，父母不能以一句简单的"不知道"来应付孩子，而是可以反问孩子："你说呢？""你认为会怎样？"以引导孩子做进一步的思索。或者，在有时间的情况下，可以和孩子一起对这个问题进行探讨，一起查阅资料，找到答案。这样不仅会满足孩子的好奇心，更会教给他一种学习方法，何乐而不为呢？

· 不设定内容

孩子的心灵是美好、纯洁、善良的，同时也是幼稚、单纯的。因此，从孩子嘴里说出的话往往是不加掩饰的大实话，但孩子的这些实话有时却往往得不到父母的认可。比如，很多父母在与孩子谈话的过程中，总喜欢教导孩子什么该说，什么不该说。久而久之，孩子在谈话的过程中，自然就会放弃实话实说的勇气，进而向父母关闭自己的心灵之门。因此，我们应该做一个倾听者，只有善于倾听孩子的心声，才能帮助我们充分洞察孩子的内心世界，挖掘他的灵气。这也是父母和孩子共同成长的过程。

· 多谈孩子感兴趣的事

父母都有这样的体验，对于自己感兴趣的话题百谈不厌，不喜欢的话题则会一句也不想参与。这种体验对孩子来说，则更是如此。即便一个看起来比较木讷的孩子，如果父母和他谈论一些他比较感兴趣的话题，他会积极参与进来，甚至会滔滔不绝，头头是道。因此，当发现孩子的话语越来越少时，发现孩子越来越沉默寡言时，父母不妨反思自己，是不是家庭中所谈论的都是一些孩子不感兴趣，甚至是他反感的话题

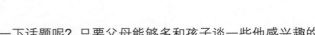
呢？如果这样，我们何不转换一下话题呢？只要父母能够多和孩子谈一些他感兴趣的话题，相信他就会变得越来越活泼，越来越聪明。

· 扩展谈话内容

扩展谈话内容不仅可以扩充亲子间交流的信息量，还可以帮助孩子开拓思路。比如，在和孩子一起看动画片，一起谈论其中的人物时，父母可以顺便谈论动画片的制作过程；在与孩子一起阅读时，可以说一说他喜欢的几本书，顺便谈起这些书的作者及其成才经历。这样，父母不但可以让孩子对事件本身有一个比较明晰的了解，还可以不断拓宽孩子的眼界。而且，这种深入的分析对孩子智力的增长，往往要比谈话内容本身大得多。因为，孩子在这样的谈话过程中，可以逐渐学会借鉴父母的思路，逐步培养自己独立思考和有效解决问题的能力。

★ 多一些耐心和尊重

在教育孩子的过程中，父母对孩子的耐心和尊重是极其重要的。因为，在这个过程中，很多事情往往不能如我们所愿。如果此时我们再多一些耐心，给孩子必要的尊重，事情往往很快就会出现转机。如果我们选择放弃，或者过早地下定论，把"笨"字强压在孩子的头上，也许他就真的会变得很笨。其实，每个孩子对不同问题的反应速度是不一样的，对这个问题反应快的孩子，或许对那个问题的反应就会比较迟钝。在这个世界上，没有一个孩子是"万能"的，也没有一个孩子是"万不能"的。所以，父母教育孩子时，应该保持平和的心态，不管自己的孩子多么的"笨"，请对他多一些耐心和尊重，多一些爱和关怀，孩子就会多一些机会。比如，当孩子有话要说时，一定要让孩子把话说完，并表示"同感"，然后再进行引导。这样，孩子就会多一些清醒，少一些迷茫；多一分自信，少一分自卑。逐渐地，他还会变得越来越聪明。

★ 与孩子一起探讨

与孩子一起探讨，是父母帮助孩子健康成长的最好办法。因为，并不是每个父母都是专家，即便是专家，也很难做到把每个问题都弄清楚。在遇到孩子问的一些问题，父母自己也回答不了时，最好的办法就是与孩子一起探讨，一起寻找合适的答案，而不是胡编乱造，或简单省力地用"我也不知道"来应付孩子。遇见生字可以一起查字典，遇到术语可以一起查看百科全书，实在解决不了的问题，还可以请教老师或这方面的专家，也可以上互联网搜索答案。这样，孩子不但能学到很多的知识，还能掌握更多的学习方法，更为重要的是培养了孩子实事求是的科学态度，以及认真钻研的顽强精神，这些素质的培养对孩子的成才是必不可少的。

★ 让孩子寻找更好的答案

面对问题，当孩子给出正确答案时，不少父母都知道要及时地给孩子表扬。其实，更巧妙的方法是在给予孩子肯定的同时，再问问他："还有没有更好的答案呢？"研究显示，父母的这种"询问"方式可以迅速激活孩子的思维，促使孩子再次进行认真的思考，并引导孩子从不同的角度来看待一件事。这正是训练孩子思维方式多元化的一个极佳办法，如果我们能够这样持之以恒地训练孩子，相信他会变得越来越聪明。

总之，世上并没有真正的"笨孩子"，而所谓的"聪明"孩子和"笨"孩子，只是我们大人自己区分出来的。实际上，只要教育得法，引导得当，每个孩子都是聪明的孩子。

放下比较，夸出好孩子

一位网名为"月亮妈妈"的女士，自从有了二宝后，就有了新的烦恼："以前还没生老二的时候，我是很爱大宝的，虽然他学说话慢一点，但我还是觉得他就是比别人好。但是，自从女儿出生之后，女儿就特别讨人喜欢，因为她聪明可爱，学走路、说话都很快。老大现在3岁了，不但调皮捣蛋，而且连鼻涕都擦不干净，整天就知道乱跑，傻玩，这让我看着又心疼又生气。两个孩子都是我生的，怎么大宝就这么笨呢？现在，我整天和女儿待在一起，感觉和老二越来越不亲了。其实我并没有偏心老二的意思，毕竟都是自己身上掉下来的肉，怎么会偏心呢？但又不由自主地将两个孩子进行比较，而越比较就越发现他们的差距越大。这会不会影响他们之间的关系呢？我该怎么办？"

你是不是也像这位"月亮妈妈"一样，有了两个孩子之后，就会不由自主地将他们进行比较呢？比如，看谁更早学会说话，更快学会走路，看谁的性格更像你，谁最听你的话。

应该说，父母们的这种心情是可以理解的，毕竟谁都希望自己的孩子出类拔萃。然而，正如我们大人一样，没有哪一个孩子是完美的，也没有哪一个孩子是一无是处的。可以说，每个人都有优点，也都有缺点。更何况每个孩子其实都有很强的可塑性。要知道，他今天的优点，可能就是他今后的缺点；而今天的缺点，可能就是以后的优点。这些都是我们无法预见的。而作为父母，我们需要做的，就是让孩子学会扬长避短。但遗憾的是，很多父母往往只看到孩子的短处，然后再拿他的短处去和另一个孩子的长处比，这样自然就会使自己产生焦虑的情绪。这种情绪也会在你不经意的言谈中流露出来，使孩子受到影响，要知道孩子往往是以别人的评价来评价自己的。由于你这种负面情绪的流露，孩子可能会认为自己真的很笨，从而失去了进取之心。久而久之，孩子就会产生自卑的情绪，最后就真的变成"笨小孩"了。

当然了，也不是绝对不能将两个孩子进行比较，关键还是要看以什么样的心态去比较。比如，如果你只是抱着分辨每个孩子的心态进行比较，这种比较会成为陪伴孩子成长路上的调味品；但如果你把差异当成差距，并且因此给孩子定性或者对他们进行评价的话，那就必须要学会控制自己了。

实际上，每个孩子都有自己的个性特点，大宝可能比小宝调皮，但他将来可能更能够承受挫折；小宝可能比大宝学东西快，将来在学业上有所成就，但憨憨的大宝可能更懂得孝顺你。所以，千万不要用一些无关紧要的小事来否定孩子，毕竟任何事情都有其两面性，如何发现他们的差异和特长，鼓励个性，才是你最需要做的功课。

其实，好孩子都是夸出来的，而不是比出来的。著名的教育家周弘曾说过："无论什么人，受激励而改过，是很容易的，受责骂而改过，却是不大容易的。而小孩子尤其喜欢听好话，而不喜欢听恶言。如果家长总是用消极的办法来对待孩子，其结果，小孩子改过的少，而怨恨父母的多，即使不怨恨父母，至少也会有一点不喜欢父母了。"所以，如果父母对自己的孩子能够少一些责骂，多一些激励；少一些埋怨，多些夸奖，教育就会变得非常简单和快乐。

下面，让我们来看看周弘是怎样将自己的孩子——聋哑女周婷婷培养成才的吧。

由于药物中毒，周婷婷刚到人世，就双耳失聪，这种病被专家诊断为不治之症。尽管这样，周弘还是决心把女儿培养成才，因为他相信女儿一定能行。

于是，周弘开始耐心地对女儿进行训练，并让全家人配合。为了让4岁才学会说话的女儿赶上同龄的孩子，他采用"母语识字法"，用语言和文字同步教学的办法指导女儿学习。比如，看见星星就学写星星，看见月亮就学写月亮，孩子要哭的时候就学写哭，想笑的时候就学写笑；吃饭时学，玩耍时学……结果，等婷婷到了6岁时，她不仅学会了说话，还认识了两千多个汉字。

女儿的进步，使周弘领悟了教育好孩子的奥秘，那就是夸奖孩子，赞美孩子。

当小婷婷念出第一首连父母都难听懂的儿歌时，全家人连连夸赞："太好了！太棒了！"婷婷刚学会做应用题时，虽然在6道题中只做对了1道，大家却惊呼："太了不起了，这么难的题你都会做！"

在全家人的夸奖和赞美下，婷婷的自信心被培养起来，奇迹也出现了：她在8岁时就能背圆周率小数点后1000位数字；只用三年的时间就学完小学全部课程，绘画、书法、写作门门获奖；小学毕业时，以全校排名第二的高分考入中学；16岁时，考入辽宁师范大学教育学系，成为中国第一位聋人大学生；21岁时，被美国加劳德特大学特殊教育管理专业录取，之后又被美国波士顿大学和哥伦比亚大学录取为博士生……

这个故事给你带来了什么样的启发呢？作为"智障儿"的婷婷，尚且能够创造那么多的奇迹，我们还有什么理由责怪自己的孩子"太笨"和"不争气"呢？其实，很多时候，只要我们放下比较，每个孩子就都是聪明的孩子，每个孩子都值得我们好好去爱的。

孩子再坏也要表扬

　　每个人都喜欢表扬，而不喜欢被批评，因为每个人都希望得到肯定，不希望被否定，尤其是孩子，更是如此。很多孩子之所以越来越优秀，基本上也是被夸出来的。然而，现在很多人在讨论如何教育孩子的时候，经常会提到"挫折教育"这个话题，并认为只有让孩子面对挫折，才能磨炼他的意志力。于是很多父母便采取"批评教育"的办法，认为这就是所谓的挫折教育。更有甚者，还故意将两个孩子进行比较，对表现好的孩子极力表扬，对表现不好的孩子则极力批评。这样一来，结果却发现，表现好的孩子变得越来越好，表现不好的那个孩子也越来越不好。为什么会这样呢？原因很简单，孩子都很在意父母的评价，如果父母经常表扬一个孩子，那么孩子为了维护这个"荣誉"，自然就变得越来越好；如果父母经常批评一个孩子的话，就会让孩子意识到"我不行"，于是干脆"破罐子破摔"，变得越来越坏。更为严重的问题是，两个孩子也会因此而渐渐地对立起来。

　　那么，有没有一个办法，让"不好"的孩子也变"好"呢？当然是有的，而且也很简单，那就是对"不好"的孩子也进行表扬。或许你会说，那怎么可能呢？既然他

不好，不批评他也就罢了，怎么还会表扬呢？这就是一个时机的问题了，当然也需要一定的技巧。下面我们先来看一个案例吧。

陶行知是我国著名的教育家，曾提出"生活即教育"、"社会即学校"、"教学做合一"等教育理念。更为重要的是，陶行知的这些教育理念不是仅停留在理论上，而是落实到实践当中。

有一次，陶行知看到一位学生正在用泥块砸同学，当即斥止，并命令那个学生放学后立即到校长室去找他。放学后，当陶行知来到校长室时，那个学生已经等在门口准备挨训了。可是，刚一见面，陶行知就掏出一块糖给他，说："这是奖给你的，因为你很准时，我却迟到了。"那个学生顿时不知所措，但还是迟疑地接过糖果。陶行知又掏出一块糖放到他的手上："这第二块糖也是奖给你的，因为我不让你再打人时，你立刻就停止了。"那个学生惊得瞪大了眼睛。陶行知又掏出第三块糖果，说："刚才我已经调查过了，你之所以用泥块砸那些男生，是因为他们不遵守游戏规则，欺负女生。你砸他们，说明你很正直善良，具有跟坏人做斗争的勇气，应该奖励你啊！"

这时，那个学生感动极了，他流着泪，后悔地说："陶校长，你就打我两下吧！我错了，我砸的不是坏人，而是自己的同学啊……"陶行知听后，满意地笑了，又掏出第四块糖递过去："因为你已经认识到自己的错误，所以我再奖给你一块糖，只可惜我的糖用完了，所以我们就先说到这吧！"

虽然这个案例发生在学校，但与我们的家庭教育却有异曲同工之妙。我们当然相信每个父母都是爱孩子的，而且都希望在自己的培养和教育之下，孩子能够顺利成长，乃至成才。然而，由于方法出了问题，在教育孩子的时候缺少了教育的艺术，所以导致好心办坏事。打个比方，如果案例中那个学生就是你的孩子，而他用泥块砸的恰恰又是自己的弟弟或哥哥时，你的反应会是什么样子？是不是直接冲过去给他两巴掌，然后再狠狠地把他臭骂一顿？如果真是那样的话，那么他就永远是个坏孩子。而陶行知的处理方法就巧妙得多，可以说巧妙得让你拍案叫绝，本来是"剑拔弩张"的事情，就这样让他轻轻松松地化解掉了。

《三字经》说："人之初，性本善。"可见，没有哪一个孩子生来就是坏孩子，如果他"变坏"了，可能只有一个原因，那就是他的心理失去平衡了；而他"变坏"的目的也只有一个，那就是希望能够引起父母的关注。

所以，当孩子表现得再怎么不好，再怎么犯错，也要抓住机会表扬他、肯定他。

优势互补，善于发现孩子的闪光点

　　如果家里只有一个孩子的话，很多父母会认为这个孩子一定是最好的，当然也是最棒的。但是，如果有两个孩子的话，父母往往就会进行比较，自然就会发现这个孩子聪明一点，那个孩子笨一点；这个乖巧一点，那个调皮一点；这个稳重一点，那个急躁一点……总之，父母会发现两个孩子各有各的特点。

　　实际上，如果理性一点，我们不难明白，由于遗传、成长环境、性别、个性等因素，世界上没有完全一样的两个孩子，也就是说每个孩子都是独特的"唯一"。而哈佛大学心理学家加德纳提出的"多元智能"理论也告诉我们，优秀的孩子可以是不一样的优秀。因此，父母没有必要对两个孩子进行横向对比，而是应该善于发现孩子的闪光点，并使之进行优势互补。

　　曾经有这样一对兄弟，哥哥学习成绩很好，但基本没有什么业余爱好，整天就知道学习；弟弟虽然学习成绩一般，但酷爱音乐，小小年纪就已经学会谱曲。其实，在我们看来，这兄弟俩是各有所长，哥哥如果不出什么意外的话，会顺利考入名牌大学；弟弟或许将来更不得了，因为这是一个音乐才子诞生的前兆。然而，兄弟俩的父母却没有这么看，他们认为哥哥才是真正优秀的孩子。因为他们一直认

为只有考上好的大学，然后考硕士、博士，再找一份好的工作，这才是正路，才是最有前途的；弟弟所痴迷的音乐，则只能作为业余消遣，根本不值得投入太多的精力，更不能朝这方面去发展。所以，父母平时只会表扬哥哥学习成绩多么好，多么听父母的话，却从来不夸弟弟谱制的小曲目。父母反而说弟弟在不务正业，苦口婆心地劝说他把心思用在学校的功课上，希望他能够向哥哥一样，将来考个好大学。

最后的结果是，弟弟不但没能按照父母所规划的道路走下去，没有把书念好，甚至在一段时间之后，对音乐也失去了兴趣，再也提不起精神谱曲了。

这个案例中的兄弟俩，其实都很优秀，尤其是弟弟，原本是一个音乐天才，但由于父母的偏见，结果使他的这种天赋早早地夭折了！

在现实的生活中，这样的孩子其实还有很多。有很多粗心的父母往往在将两个孩子进行比较之后，按照自己的思维模式，觉得这个孩子好，那个孩子不好，唯独不觉得两人都好，结果往往断了孩子的成才之路。

其实，每个孩子的身上都会有让父母感到骄傲的闪光点，而孩子身上的这些闪光点，是需要父母拥有一颗赏识孩子的心才能发现的。当孩子满地乱爬时，你就应该发现他的健康和活力；当孩子喜欢问这问那时，你就应该发现他拥有一颗好奇的心；当孩子喜欢"乱摸乱动"时，你就应该发现孩子拥有较强的动手能力；当孩子喜欢"胡思乱想"或"异想天开"时，你就应该发现孩子拥有丰富的想象力……总之，只要你学会赏识孩子，用心观察，就能够从孩子身上不断发现一些闪光点。

从性格方面发现孩子的闪光点

德国著名化学家奥斯瓦尔德读中学时，父母为他选择了一条文学的道路。老师在他的成绩单写上了这样的评语："他很用功，但过分拘泥。这样的人即使有着很完美的品德，也不可能在文学上发挥出来。"根据老师的评语，再对照孩子拘谨老实的性格，奥斯瓦尔德父母尊重儿子自己的选择，让他改学油画。可是，奥斯瓦尔德既不善于构思，又不会润色，对艺术的理解力也很差，他的成绩在班上倒数第一。为此，老师的评语变得更加简短而严厉："你是绘画艺术方面的不可造就之才。"面对这样的评语，奥斯瓦尔德的父母并不气馁，他们主动到学校，征求学校的意见。校长被他们的精神所感动，专门为此召开了一次教务会议。会上，大家都说奥斯瓦尔德过于笨拙，只有一位老师提到他做事十分认真。这时，在场的化学老师眼睛为之一亮，接着说道："既然他做事十分认真，那么就让他试着学化学吧！"接受这一建议后，奥斯瓦尔德真的很快就对神奇的化学入了迷，智慧的火花迅速被点燃，由此一发而不可收。这位在文学与绘画艺术方面均"不可造就"的学生，突然变成了公认的、在化学方面"前程远大的高材生"。最终，由于在电化学、化学平衡条件和化学反应速度等方面的卓越成就，奥斯瓦尔德在1909年获得了诺贝尔化学奖的殊荣，成为举世瞩目的化学家。

从奥斯瓦尔德的成功经历中，我们不妨吸取他的父母在教育和引导孩子方面的经验。正因为他们在孩子迷茫时没有放弃，而是根据孩子拘谨老实的性格，接受了化学老师的建议，才为孩子的成才找准了方向，最终使他的聪明才智得到了最大的发挥。

从兴趣方面发现孩子的闪光点

东东是一个十分调皮好动的孩子，他特别喜欢摆弄小零件，家里的小闹钟、录音机、电话机总是被他一会儿拆掉，一会儿又装上，很多东西都被他拆坏了。东东的妈妈非但不骂他，还不时地表扬他爱动脑筋手儿又巧。有时候，她还特意把朋友家一些破旧的小家电要来供他摆弄，把懂修理技术的亲戚朋友请到家中教导东东。东东上学后，妈妈还专门把他的这一特长介绍给老师，希望能让他在班级里发挥作用。东东更来劲了，虽然他的学习成绩并不出众，但他动手的积极性却非常高。他说自己长大后要当一名伟大的工程师。为了实现理想，东东开始努力学习功课。

从这个例子中我们可以看出，从孩子的兴趣入手，可以更好地发现孩子的闪光点，并获得良好的教育效果。试想，如果东东的妈妈轻视孩子的动手能力，常常责备他是个败家子，东东也就无法对学习产生欲望，更无法体验到学习的快乐和意义，还怎么能自信地去实现理想呢？

⭐ 从平凡处见非凡

一位幼儿园老师在评价本班孩子的美术作品时，举起一幅画，上面除了一些规则的横竖道道之外，什么也没有。老师微笑着向孩子们介绍道："老师数过了，这位小朋友的画中一共用了 24 种颜色，是我们班使用颜色最多的小朋友。我们应该为他在这方面先行一步而感到高兴。"

的确，这幅画看似一无是处，然而这位老师却从中找到了孩子的闪光点，于平凡处见非凡。

⭐ 用长处带动短处

小志是一名小学一年级的学生，平时又老实又安静。他天天坐在教室里，既不同别人讲话，也不看书，也从不主动交作业，这并不是因为他不会做，只是因为他不想做而已。无论老师怎么讲道理，他都无动于衷。面对这种情况，老师开始感到有些无能为力，甚至对他失望了。后来，老师无意中知道小志正在少年宫学画画，就留下了关于创作过年的美术作品这一项寒假作业，还特别嘱咐小志，要他务必把自己的这份作业拿到学校来。开学了，小志果然带来了他的作品。面对着这张色彩饱满、构图美观的图画，老师惊呆了。她抑制着自己的惊喜，向全班小朋友展示了那幅作品，并激动地对小志说："老师从来不知道你画得这么棒！让老师大开眼界！这说明你很能干，也很聪明。我不相信这么聪明的孩子会拖拉作业！试试看，把你学画画的劲儿拿出来！一定能按时完成作业。"听了老师的话，小志使劲地点了点头。从那天以后，小志每天都能及时地完成作业并交给老师批改。老师还在一周的小结中专门表扬了小志。从此，小志的精神面貌焕然一新，对学习的自觉性更强了。

聪明孩子是夸出来的。面对小志不喜欢做作业的"短处"，老师很好地利用了小志会画画的长处，"以长带短"使他从此喜欢上了学习，这实在是一种很高明的教育方法，也值得父母们借鉴和学习。

其实，每个孩子都有自己的长处，他们的能力是多方面的。即使是最差劲的孩子也有优点，即使最完美的孩子也有缺点。如果我们带着欣赏的眼光和审美的心情去看孩子，就必定能从孩子身上发现美好的东西。这正如伟大的艺术家罗丹所说："美是到处都有的，对于我们的眼睛，不是缺少美，而是缺少发现。"

一视同仁，用爱心激励孩子

"心中有爱，才能发现爱，才能发现'最棒'的孩子，才能培养有出息的孩子。"将两个女儿送入哈佛大学的香港妈妈李涣然女士在谈到自己的孩子时，是一脸的自豪，而她的丈夫张东润先生则除了自豪外，还有满满的幸福。

张东润夫妇，上世界70年代时就到香港读书，他们在80年代初结婚后，先后生下两个女儿。在两个女儿上学之前，李涣然在家照顾孩子和操持家务，张东润则一直在政府部门工作，一家人过着平平淡淡的日子。

两个女儿上学后，夫妇俩并没有把教育孩子的责任全部推给学校，而是将孩子的学校教育与课外学习相结合起来。每逢周末的时候，外出活动往往比平常日还要多，因为孩子们要学钢琴、中文、画画、游泳等。孩子参加这么多的活动，都需要父母开车接送并陪同，但父母从来没有任何怨言。在对两个孩子的培养方面，父母也是一视同仁，让孩子上一样的学校，学一样的特长，给予一样的鼓励与支持。

"爱孩子是母亲的天性，好妈妈就是要使每个孩子都发挥出最大的潜力。要使孩子发挥出最大的潜力，最好的方法就是赞赏和鼓励。其实，每个孩子都想得到和应该得到父母的尊重、赏识和认可。所以，对于孩子的教育，一视同仁很重要，一定要让他们感觉到父母的公平，这样可以充分调动他们的学习兴趣和积极性。这就是我爱女儿和教育女儿的准则。"这是李涣然多年来的教子心得，也是她慈母胸怀的体现。

李涣然一直觉得，要想培养一个孩子健康的人格，就一定要营造一个轻松、和睦、开明的家庭氛围。所以，多年以来，李涣然都竭尽所能为两个女儿和丈夫打造一个温馨快乐的家。

当孩子稍微长大，可以出去旅游时，李涣然就每年安排一次全家出行的旅游活动，无论是去美国游玩，还是去亚洲观光，都是全家出动。因为在他们夫妇俩看来，外出旅行是全家的事情。

其实，在现实当中，很多父母也和李涣然女士一样，都很爱自己的孩子，但是，有人却不懂得应该怎样爱自己的孩子。为此，我们不得不反思，什么样的爱，才是真正的爱？怎样爱，才能让孩子接受，才能让亲子之间保持亲密融洽的关系？这是做父母必须要掌握的一个度，因为如果爱得不够，孩子就会缺少爱；如果爱得过度，这爱往往就会成为变了味道的爱、自私的爱，这种爱也会使孩子感到压力。

真正的爱应该是给孩子鼓励的爱，而不是打击孩子的爱。然而，在对孩子的日常教育中，有的父母对孩子的教育却打击多，鼓励少。所以，为了给孩子鼓励的爱，父母自身一定要有所改变。只要父母改变了自己的心态，把挑剔不满的目光变为欣赏满意的目光，把讽刺否定的语言变为赞扬肯定的语言，爱的鼓励就会出现，奇迹也会发生，孩子也会变得越来越优秀！

相信很多人会有这样的经验，当孩子还小时，无论扫地、洗碗，还是洗菜、淘米，他都想抢着做。但父母总怕他做不好，这个不让做，那个不让动。等到孩子真的长大了，父母想让他做一些家务时，孩子却变懒了，什么家务活都懒得做。

不少父母为此感到疑惑，甚至伤透脑筋。为什么小时候特别勤快的孩子，长大之后就变懒了呢？很少有父母反思过，这恰恰是因为自己一次次地错过了鼓励孩子做家务的机会。这个时候如果父母再一味地埋怨，就只能让孩子变得更加不思进取。因此，要想让自己的孩子拥有自信，积极进取，不断探索，父母就一定要记住：当孩子想要做某种尝试时，只要没有危险性，不会危害到自己或别人，就应该鼓励他去做，提供机会让他大胆尝试。当孩子取得小小的成功时，父母应适当鼓励他去争取更大的成功；当孩子发生了小小失误时，父母则应及时鼓励他勇敢面对，重新再来。

作为孩子，每次尝试做一件事情，他得到的应该是鼓励而不是呵斥，应该是欣赏而不是讽刺，应该是肯定而不是批评。只有这样，孩子才能变得越来越自信，乐于尝试去做自己感兴趣的事，并为实现自己的目标而不懈努力。

当孩子完成一幅不错的画，或弹奏出一曲优美的曲子，父母若能轻轻地抚摩他的头，充满爱意地对他说："宝贝，你真棒，我为你感到骄傲！"孩子一定能体会到那种温暖、美好的感觉。这种感觉会沉积在孩子心底，催生出一种能让他做得更好的力量。

因材施教，才能让孩子更出色

家里有了小宝以后，很多父母就把教育大宝的经验，直接搬到小宝的身上，结果却发现这根本就行不通。很多父母疑惑不已："同是一对父母生，同样生活在一个家里，为什么两个孩子的差别却这么大呢？"也有一些父母刚开始对大宝的要求比较宽松，结果却发现大宝越来越不听话，越来越不懂规矩；等生了二宝之后，父母就对孩子采取极为严格的教育方式，不管孩子做什么事，都要听从父母的安排，孩子不能有自己的想法。其实，这两种教育方法都是一种极端，就好比从溺爱一下子转到棍棒侍候一样，不但不利于孩子的成长，也不利于家庭的和谐。

实际上，很多父母往往忽略了，虽然孩子都是自己所生，也都是自己亲自带，但每个孩子的天性都各不相同，每个孩子都是独一无二的。所以，要想将两个孩子都教育好，父母必须根据孩子不同的天性，尊重孩子的个性，采取因材施教的办法。

雨洁是一位全职妈妈，自从大女儿欣欣出生后，她就辞职在家，专门照顾女儿。4年后，小女儿悦悦也来到这个家。

今年，悦悦也上幼儿园小班了，雨洁于是开始琢磨，要不要让她背唐诗宋词，记成语，或是学英语呢？

当初欣欣刚读幼儿园的时候，雨洁看着欣欣身边的小伙伴都会识字、做算术，因此也全力以赴给她补课，让欣欣背唐诗、记成语、学英语，还背乘法口诀表。这对欣欣来说，显然不那么好玩，内心也并不乐意，但由于妈妈逼得紧，所以她多少也记住一些知识。当时也有朋友提醒她，这些功课已经超出这个年纪的孩子所接受的能力，但雨洁却理直气壮地反驳："所谓笨鸟先飞，提前学再不济也是炒冷饭，总比生米煮成熟饭来得快。"

现在欣欣已经上小学四年级，各科成绩在班里也只有中等水平。后来，雨洁看了一项调研报告，这份报告指出：如果让孩子直接背诵经典，对开发孩子的智力和提升孩子的记忆力是很有帮助的；如果只让孩子背唐诗宋词、记成语、学英语等，孩子在小学一年级上半学期会有一定的优势，但这种优势却很短暂，通常只能持续到下半学期。随着年龄的增长和功课的增加，弱势就开始显现出来。

"以前总觉得有了教育大女儿的经验，对小女儿的教育应该就不成问题。现在才发现，很多教育方式是不能复制的。就像欣欣和悦悦这两姐妹，性格就截然不同。姐姐比较活泼、好玩，不管是读书，还是做作业，都需要妈妈催着，而且还要在旁边监督，才能够按时完成。不过姐姐也比较憨厚，不管是挨骂了还是挨打了，只要过去了就过去了，不会放在心上。妹妹的性格则比较安静、乖巧，从表面上看可以少操点心，但实际上内心却既细腻又敏感，有些小心思要细细揣摩，而且不怎么喜欢运动。"雨洁最后感叹道，"对付大女儿的方法，用在小女儿身上几乎完全行不通，真是伤脑筋啊！"

在现实的生活中，很多父母在打算生二宝之前，他们的想法也可能跟雨洁一样，认为只要有了教育大宝的经验，就可以将这种教育方法直接复制到二宝的身上。殊不知，在教育孩子方面，本来就没有一种放之四海皆准的方法。虽然我们教育孩子的目的一样，教育的内容也一样，但孩子毕竟是不同的个体，因此我们的方法也应该是灵活、有针对性的。

当然，不管方法怎么灵活多变，但有一个前提是必须遵循的，那就是一定要尊重孩子的个性。尤其是面对孩子学什么专业时，不能仅仅因为目前社会上哪些行业比较热门，父母就逼着孩子去学那些专业，而应该考虑到孩子的志向和兴趣。

林先生和周女士共育有一个女儿和一个儿子。平时只要一提起女儿，夫妇俩就觉得很骄傲。因为女儿从小就特别乖巧，在家听父母的话，在学校听老师的安排，学习成绩也十分优秀，从小学到大学一直名列前茅。

"女儿一直很上进，这与我们夫妻的教育方法是分不开的。我们根据自己多年的经验，告诉女儿什么该干，什么不该干。现在她正在考研，我们相信她的前途一定很光明。"林先生充满自豪地说。

然而，相比女儿的乖巧和懂事，正在上高中的儿子却是他们夫妻心里的一道伤口。

"儿子和姐姐相比，那就差得太远了，一点都不听话，啥事都喜欢和我们对着干。从小到大，我安排他做的事，他几乎都没听过。眼看就要高考了，我让他好好努力，将来考个理工科大学。因为现在理工有很多热门专业，将来毕业也好找工作。可这孩子却偏偏喜欢音乐，非要上什么艺术学院，真的快气死我了。"周女士无奈地说。

周女士表示，他们教育儿子的方式和教育女儿的方式是一样的，都是从小就灌输给他们一些正确的观念，让他们明白学习的重要性。但不知道为什么，女儿一直很听话，几乎什么事都不让父母操心，儿子却十分叛逆，甚至还专门跟父母唱反调。

周女士最后总结道："现在和过去不同了，以前家里有五六个孩子，父母都能够应付得过来。现在生活好了，思想也更开放了，孩子都比较早熟，想法也更多，根本不听父母的话。"

在这个案例中，周女士把孩子叛逆的原因归结为孩子早熟。从客观的角度上来看，也有一定的道理，但也并不完全是这样。孩子之所以不听父母的话，甚至跟父母唱反调，有时并不是因为孩子叛逆。实际上，当我们让孩子往东，孩子却偏偏往西时，孩子可能也很郁闷："我本来想往西，父母为什么非逼着我往东呢？"而父母和孩子之所以会产生这样的矛盾，往往是由于沟通不到位造成的。很多父母往往不了解自己的孩子到底属于哪种性格，更不了解孩子的心里在想什么，只是想当然地给孩子安排这安排那，这样自然就引起孩子的反感。

总之，要想教育好孩子，就必须做到因材施教；要做到因材施教，就不要过分地依赖经验，因为很多经验是靠不住的。所以，父母应该及时调整自己的心态，只有当我们拥有归零的心态时，我们才能从孩子身上了解到更多东西，才能更好地陪伴孩子一起成长。

PART 8

如何成就孩子成长的过程

每个孩子来到这个世界上，都带着天使般的使命，都是爸爸妈妈的心头肉，都有属于自己的人格特质和独一无二的存在感。家里的两个孩子，各自都必须去学习和解决人生的难题。不论父母当初对生育问题的考虑如何，对待每一个孩子都尽量用妥帖的态度和方法。每一个孩子呱呱坠地时都是一张无瑕的白纸，成长就是染色的过程，如何把他们塑造成一幅完美而独特的作品，才是父母真正要去努力学习的课题。现在孩子所面临的世界是父母不曾面对的新世界，父母该如何陪伴孩面对这新奇的未来世界？

"预测"一下两个孩子的未来

有一位心理学家到某所学校进行调研时，老师问他："先生，您既然是调研心理学的，那肯定能够看出哪些学生的智力比较超常。你看看我们学校的这些学生当中，哪些学生的智力比较超常，哪些学生有发展的潜力？"那位心理学家一听，马上爽快地回答道："当然可以。"然后，便自信地用手在人群中指起来："你，你，还有你……还有他。"

被点到的孩子从此便受到同学的羡慕、老师的关怀和父母的夸赞，他们的学习成绩不断提高，相继从普通的孩子一跃成为同龄孩子中的佼佼者。

一年后，那位心理学家再次访问该校，向老师问道："那几个孩子的情况怎么样了呢？"老师回答说："好极了，他们的表现真棒！可我却感到惊讶，在您还没有来之前，那几个学生都只是普普通通的孩子，经您指点之后，他们个个都变了。请问您有什么诀窍，能够判断得如此准确？"心理学家微笑着说："没有任何诀窍，随便指指而已。"一句话将老师惊得目瞪口呆。

读完这个案例之后，我们可能也和那位老师一样，觉得那个心理学家简直太神奇了，在没有和孩子们有任何交流的情况下，只是随便看一眼，就能够看出哪个学生拥有超常的智力，而且准确率竟然达到百分之百。难道这位心理学家有某种特异功能，有未卜先知的能力吗？实际上，这位心理学家并没有什么特异功能，只是十分了解孩子的心理。所以，与其说他有未卜先知的能力，不如说他有点石成金的妙手。

德克诺是一位年轻的教师。他工作没多久，就感觉有点力不从心，开始厌倦这份工作了。因为那些不听话的学生让他十分头痛，他甚至考虑换一份工作。

一天晚上，他做了一个梦，梦见一位天使，那位天使对他说："在你的学生当中，有一个人将来会成为世界领袖。你准备如何启发他的智慧，培养他的自信、才能，还有坚强的性格，使他成为一位伟大的世界领袖呢？"

德克诺被惊醒了，出了一身的冷汗。他从来没有做过这样的梦：我将是一名世界领袖的老师！德克诺为自己的这个梦而激动不已。

虽然这只是一个梦，但德克诺却坚信，这个梦一定会成真。于是，他开始反省自己过去的教育方式，并重新思考自己应该怎样做，才能让自己的学生具备成为世界领袖的才干。他查阅了大量的资料，并询问了许多专家学者，最后得出这样的结论：要成为一个世界领袖，他不仅需要具备渊博的知识，还要拥有丰富的阅历与经验；他不仅要有极强的独立思考的能力，还要能广泛地听取他人的意见；他不仅要有领导众人的能力，还要有与他人进行团队合作的能力；他应该对历史有着深刻的认识与理解，也应该对未来充满乐观向上的精神；他应该对生活充满热情，对生命有着极高的尊重；他应该拥有创造性的思维，以及先进的思想；他应该拥有做人处世的原则，对自己有着严格的要求。最后，他的心中还应该充满仁爱与感恩。

得出这样一个结论后，培养世界领袖的计划便在德克诺的心中逐渐完善起来了。他的心态也因此发生了变化。当每一位学生从他面前走过时，他都会仔细地凝望着他们，因为他的每个学生都有可能成为未来的世界领袖。上课时，他不再把他们视为普通的学生，而是当成未来的世界领袖来对待。他的心中仿佛有一份责任。因为他坚信未来的世界会掌握在台下的某一位学生的手中。

此后，那个梦一直鼓舞着德克诺，让他对工作始终充满高度的热忱，丝毫没有了当初的懈怠之心。他按照自己的计划一步一步的进行着。他总是想尽办法培养每一位学生的各项能力，希望他们能够成为最合格、最伟大的世界领袖。

然而，多年以后，虽然他的学生中并没有人成为世界领袖，但他们大都成为了杰出的人。他们当中有的成了著名的作家，有的成了画家，还有的成了哲学家……他们都感恩于德克诺老师曾给予他们的最好的教导。不仅如此，德克诺的女儿后来也成了美国政坛上的风云人物。她曾经在自传中这样写道："我的父亲是我一生中最好的导师，他一言一行都让我非常钦佩。"

虽然德克诺的那个梦并没有成真，但他并没有因此而感到遗憾，而是感到庆幸。因为正是那个看似十分荒诞的梦，让他对孩子的看法、态度完全改变，不仅成就了很多孩子，也成就了他的一生。

其实，作为父母，我们也需要有那样一个梦。在我们的生命中，我们都要期待日后登上人生高峰的人，不是别人，恰恰就是我们自己的孩子。所以，我们不妨把自己的每个孩子都看成与众不同的人，看成未来的世界领袖。或许，我们也会因此而变得与众不同。

有竞争，才有进步

在秀丽的日本北海道，盛产一种味道极为鲜美的鳗鱼，所以海边的村民都以捕捞鳗鱼为生。然而，这种鳗鱼的生命却十分脆弱，它一旦离开深海就容易死去，所以渔民们捕回的鳗鱼往往都是死的。

但是，村子里却有这样一位老渔民，他每天出海捕鳗鱼回来时，那些鳗鱼总是活蹦乱跳，极少有死的。而那些与他一块出海的其他渔民，虽然想尽了一切办法，但每次回来时，捕到的鳗鱼仍然是死的。因为市场上活鳗鱼比较少，自然就奇货可居，导致活鳗鱼的价格是死鳗鱼的几倍。所以，虽然大家都是一块出海捕鳗鱼，但几年下来，只有那位老渔民成了有名的富翁，而其他的渔民只能维持简单的温饱。

时间一长，人们甚至开始传言老渔民有某种魔力，他能够让鳗鱼保持生命。

后来，老渔民在临终时，终于决定把让鳗鱼保持生命的秘诀公之于世。其实，老渔民并没什么魔力，他让鳗鱼保持生命的方法也十分简单，就是在捕捞上来的鳗鱼中，

再加入几条叫狗鱼的杂鱼。狗鱼非但不是鳗鱼的同类，而是鳗鱼的"死对头"。当几条势单力薄的狗鱼一下子面对那么多的鳗鱼时，便惊慌失措地四处乱窜起来。这激发了鳗鱼们旺盛的斗志，原本死气沉沉的鳗鱼就这样被激活了。

放入几条狗鱼，就能够使一群生命极为脆弱的鳗鱼起死回生，老渔民的做法不能不令人惊奇，但如果我们明白了生命的发展规律，也就不足为奇了。实际上，生命之所以创造了那么多的奇迹，就是因为有竞争的存在。相反，如果没有了竞争，也就没有了斗志，而没有斗志的地方，往往是死水一潭。

其实，我们的孩子也都像鳗鱼一样，拥有着与生俱来的特质和潜能，就看父母们如何去将其激发出来了。如果我们什么都护着孩子，不让孩子面对竞争，实际上我们就与那些捕捞鳗鱼的普通渔民一样，让孩子的潜能在孤独和寂寞中沉睡，最后慢慢消失。真正聪明的父母，则鼓励孩子去面对竞争，因为他们知道，让孩子拥有一个强劲的竞争对手，也并非是一件坏事。尤其是兄弟姐妹之间，可以说既是彼此竞争，也是彼此成就。

犹太裔母亲色拉，曾先后结过三次婚，和前夫生育的三个孩子都跟了她。当然，最让人佩服的，倒不是她结过多少次婚，或是有几个孩子，而是作为单亲妈妈的她，始终非常注重对孩子的教育，并最终将这些孩子培养成为有担当、有能力的社会精英。

有一次，色拉在接受凤凰卫视《鲁豫有约》节目组采访时，讲述了自己教育孩子的一段故事：

20世纪90年代初，色拉带着3个孩子回到祖国以色列。当时，生活条件非常艰辛，为了生存，她每天都到街头去卖春卷，而且还得每天按时接送孩子，洗衣、做饭、收拾家务，忙得团团转。后来，邻居的一位大婶实在不忍心看她这样，便嗔怪她说："在犹太家庭的观念中，从来就没有免费的食物与照顾，任何东西都不是白白得到的。每个孩子都必须学会自立，才能获得他们所需要的一切。"大婶的话提醒了色拉，于是一个全新的计划便在她的大脑中形成了。虽然她觉得这种教育方法有些残酷，但为了孩子，她还是决定实施这个计划。

色拉开始安排3个孩子干家务活，并计件发给他们报酬。如果哪个孩子不愿意做属于自己的那份家务活，他可以请别人来做，但必须付给别人相应的报酬。色拉还安排孩子们轮流出去卖春卷，负责做春卷的孩子要凌晨三四点钟就得起床，但不用到街上去卖，而到街上去卖的孩子，早上六点起床就可以。

对于母亲的这种安排，3个孩子刚开始并不十分适应，但为了得到报酬，他们也只好接受。渐渐地，他们又发现，自己干的活越多，得到的报酬也就越多。于是，三个孩子都抢着让妈妈多给自己分配一些任务。

后来，老大和老二干脆要求去附近的市场再摆一个卖春卷的摊位。为了能够和市场管理员顺利谈判，两个孩子还在家里先进行彩排，一个充当摊主，一个充当管理员，色拉充当裁判，将谈判的每个细节，以及可能出现的问题和处理方法，都事先想到了。结果，两个孩子与市场管理员的谈判进行得很顺利。更令色拉没想到的是，有了这些经历之后，孩子们越来越享受与别人打交道的乐趣。

色拉作为一位母亲，竟然能够在没有"含辛茹苦"的情况下，就能够把孩子培养成才，那是因为她让孩子明白了这样一个道理——有竞争，才有进步。所以，孩子在很小的时候，就懂得通过自己的努力去获取正当的报酬。当然了，色拉的这种教育方法，对于今天的我们来说，可能已经无法复制，毕竟时间、条件等都已经发生了变化。但是，这种教育理念还是值得我们去学习

和借鉴的。因为孩子从受精卵开始发育为成熟的人，竞争就已经开始了。

　　现代社会到处充满着竞争与挑战，孩子的成长过程也充满了各种竞争，如果孩子不具备竞争的意识和能力，将来很难在社会上立足。竞争可以最大限度地激发孩子的潜质，调动孩子的积极性，让孩子不甘落后，积极进取，超越自我。要想让孩子将来能够轻松地应对各种竞争，父母必须从小注意培养竞争的意识。竞争意识能让孩子创造奇迹，奇迹都是那些敢于参加竞争的人创造出来的，是他们一路领跑，开创了人类的先河。竞争可以让参赛选手勇得冠军，刷新吉尼斯世界纪录；也可以让孩子取得好的成绩，可以让孩子学业有成。家有两个孩子的父母往往会有这样的感受，两个孩子从小一同成长，彼此对考试成绩的好坏都非常清楚。有的时候，两个孩子之间也会暗暗较劲，互相竞争，长此以往，两个孩子的学习成绩都会非常出色。因此，父母可以在孩子的学习过程中融入竞争意识，以每次考试的成绩定高下，谁取得好的成绩就给谁贴上一个小星星，累计一个学期，看谁的小星星多，就给谁奖励。父母可以放手让孩子们之间展开竞赛，具体内容如下：

- 看谁的家务事做得又快又好。
- 看谁能在最短的时间内拼好一张完整的图画。
- 看谁能在最短的时间内装卸一个玩具。
- 同时读符合各年龄段的书，看谁能够准确地说出书里的内容和大意。

　　以上的几种方式仅供父母参考，每一个家庭都可以根据自己的生活习惯，设定比赛的内容和比赛的规则。其目的就是在家庭中营造竞争的意识，提高两个孩子的竞争力。

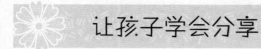

让孩子学会分享

分享，对于独生子女来说，是一个十分陌生的词语，因为自从他出生之后，父母和长辈都抢着把最好的东西给他，而他也一直沉浸于这种"独享"的氛围中。独生子女在成长的过程中，最容易学会的一个词就是"自我"，而最难学会的就是"分享"。因为他们从小就被视为掌上明珠，集万般宠爱于一身，所以不管遇到什么好的东西，他的第一个反应永远是"我的"，而且必须是百分之百，绝不容忍与任何人分享。

有调查研究显示，我国学龄前儿童普遍缺乏分享的行为。幼儿在家庭生活中独占玩具和零食等行为也是非常普遍的社会现象。现在，家里突然多了一个弟弟妹妹，而且这个弟弟妹妹是要来和他一起分享原本只属于他的东西，这对于他来说是无论如何也接受不了的。因此，大多数的幼儿会在拿到玩具之后，不愿意给自己的兄弟姐妹玩；见到自己喜欢的玩具就想要据为己有；还会出现与兄弟姐妹争抢玩具的行为。这些现象都充分地说明幼儿普遍缺乏分享的意识与行为。一个不懂得分享的孩子，具有强烈独占欲望的幼儿大多性格孤僻，不会与周围人友好地相处。当他长大成人后，是不可能拥有宽广的心胸和长远的目光的。而这样的孩子，也永远不可能懂得什么是真正的爱，什么是真正的幸福。所以，当你为孩子生下弟弟妹妹之后，首先教给他的就是分享。

赵女士有两个女儿，其中大女儿6岁，小女儿3岁。自从生了小女儿之后，最让赵女儿花心思的，就是如何让两个孩子不觉得爸爸妈妈是在偏袒对方。

姐妹俩吃的零食、玩的玩具、穿的衣服，统统都是两份，甚至有时候要给其中的一个买东西，另一个其实根本没有相同需要，但为了表示公平，只好也给另一个买了，所以无形中也增加了不少本不必要的开销。

然而，即使她一直在尽力把一碗水端平，但总会一些意料不到的状况。有一次，赵女士剥山核桃给姐妹俩吃，当时妹妹一边吃，一边目不转睛地盯着电视看动画片。过了一会儿，妹妹突然回过神来，发现姐姐已经吃去一大半了，于是赶紧把剩下的那些核桃全撸到自己手里。姐姐一看，当然不干，伸手过来抢，姐妹俩为此争执不下。

赵女士看到两个女儿吵架，便从公平的角度劝架，她跟姐姐讲道理："你刚才已经吃了不少了，还是把剩下的全给妹妹吧！"但姐姐不但没有退让，反而理直气壮地反驳道："大家都能吃的东西，而且大家都在吃，凭什么现在就让她一个人吃？"

赵女士这才明白，原来孩子对于公平的理解和成人根本就不一样。所以用成人所理解的公平去说服孩子，根本就起不了一点作用。而且，让她更为无奈的是，平常吃饭的时候，如果饭桌上有姐妹俩都爱吃的菜，一个吃得快，另一个怕没有了，就赶紧倒进自己的碗里。这样一来，姐妹俩又在饭桌上打起架来了。

"我总不可能把每一样菜都一分为二吧！"赵女士最后颇为无奈地说。

像赵女士家这样的情况，在很多二胎家庭中普遍存在，这也是最让父母烦恼的地方。孩子终究还是孩子，遇到自己喜欢的东西，都想占为己有，而且占有得越多越好。那么作为父母，应该如何让孩子学会分享，甚至学会谦让呢？

下面是一位幼儿园老师教孩子学会分享的经验，相信对你也会有一定的启发：

现在的很多孩子，大都养成了唯我独尊的不良习性。针对这一状况，我经常想：该如何在日常生活中让孩子们学会分享和谦让呢？

有一天上午，小一班的王老师送来三块西瓜，并说是小二班的小朋友带来幼儿园和老师一起分享的。孩子们一看到这西瓜，马上就被吸引住了，这时有一个孩子走到我跟前说："老师，我想吃西瓜。"全班的孩子听了，便不约而同地叫起来："老师，我也要吃，我也要吃。"

看到这种情况，我突然灵机一动，马上

就想到这是一个教给孩子学会分享的良好契机，于是我连忙让孩子们坐好，然后对孩子们说："小朋友，我知道你们都很想吃西瓜，但你们知道这三块西瓜是从哪来的吗？"

孩子们说："是王老师送来的！"

我又问："那王老师又是从哪里得来的呢？"

孩子们回答："是小二班的小朋友带来的。"

于是，我趁机说："是呀，小二班的小朋友真大方，有好吃的东西就带来和大家一起分享。现在我们就一起来分享西瓜吧。"

说完我便把三块西瓜分成若干份，让每个小朋友都吃上一小块。

当孩子们把西瓜吃完后，我又问："小朋友，这西瓜好吃吗？"

孩子们高兴地说："好吃。"

我又说："和大家一起分享好的东西，真是一件快乐的事，可惜这西瓜太少了。"我的话刚说完，阳阳便说："老师，明天我也带一个西瓜来和大家一起分享。"我当时听了也没在意，只是随口说"那真是太好了"，但过后也就忘了。然而，让我没有想到的是，第二天，阳阳果真让自己的妈妈买了一个大西瓜带来，还兴奋地对大家说："这是我带来和大家一起分享的。"顿时，我的心里突然涌起满满的幸福。

从这个案例中，我们不难看出，这位幼儿园老师自始至终都没有给孩子讲任何的大道理，只是用行动来证明，并让孩子明白——与别人分享是一件快乐的事情。而父母要如何做才能让孩子学会分享呢？

★ 父母要做个好榜样

父母的一些日常行为、言谈举止、处事方式等都对孩子产生润物细无声的影响。所以在家庭生活中，父母要做一个有心人。平时要善于抓住时机为孩子做好示范带头的作用。如在分零食时，父母可以用分享的形式来进行；当父母有什么快乐的事情时，以分享的姿态讲给孩子们听，并鼓励孩子自己讲一讲他周围发生的有趣的事情；而当孩子在玩玩具的时候，在玩游戏的时候，可以尝试着走过去说："我可以和你一块玩吗？我也非常想玩。"待孩子体验到分享的乐趣时，孩子自然就会建立分享的动机，就会不自觉地模仿父母的某一些行为。孩子们之间也是互相学习的好榜样。父母在发现某一个孩子有分享行为时，一定要及时加以激励和表扬，激发他的兄弟姐妹去模仿和学习。

★ 父母要给予学会分享的孩子语言强化和肢体动作强化

语言强化主要是指父母要在第一时间用适当的语言肯定孩子的分享行为。进一步强化孩子分享之后的快乐，进一步激发孩子下一次分享的行为。例如，在日常生活中，大宝正拿属于他的一件玩具玩时，小伙伴也想玩，但是大宝却一次次拒绝小伙伴的请求。小伙伴可能会说："你不给我玩，我以后也不跟你一块玩啦！"这时大宝可能也想着如果不和小伙伴分享自己的玩具，别人就不和他玩了，有过这样的想法后，大宝可能虽有点不情愿，但仍同意和小伙伴一块玩。这时，父母要不失时机进行引导。可以对他说："和小伙伴一块玩得高兴吧？你看，你把玩具让小伙伴一块玩，你们玩得多高兴啊！"除了用上述的语言进行引导之外，父母也可加入自己的表情、眼神、点头微笑、竖起大拇指等肢体动作来表达对孩子分享行为的肯定。父母的肯定会给孩子带来快乐和满足，从而在今后面对自己的兄弟姐妹时，孩子更愿意体会手足的情绪，出现分享的行为。

★ 父母要建立分享的规则

在家庭生活中，为了使孩子之间的分享行为能够持续不断地进行下去，建立属于自己家庭的分享原则是非常有必要的。

· 要求孩子共同分享

将两个孩子结合成一个统一的整体，通过让他们自己进行相互间的沟通和协调，来分享玩具和零食，最终达到使彼此都获得物质和精神上的满足。当然在这一过程中，父母一定要做好协调，给予孩子们帮助，引导他们学会分享玩具和零食等。如此，分享的制度才能一天天慢慢地建立起来。

·让孩子学会轮流分享

在家庭生活中，两个孩子有可能争抢一个玩具遥控车，都争着要妈妈陪着自己睡，但是车和妈妈只有一个，而且也无法进行分割。因此这时有必要规定一下时间表，在什么时间内玩具归谁玩，妈妈陪谁睡，让孩子学会轮流分享。刚开始实施此项规则时，由于孩子的自控能力都非常差，可能会困难重重，会引发孩子之间的争执。渐渐的，经过父母的引导，孩子们就会懂得协商，懂得轮流等待的重要性。

·父母可以先让大宝学会分享

先让大宝试着将自己的玩具分给小宝玩。当然大宝可能会感到委屈，为什么我的玩具要让小宝玩。这时父母一定要做好大宝的思想工作，但不必强迫大宝分享。因为育儿专家表示，"与大人一样，小家伙也会有自己特别珍爱的玩具，不要强迫大宝一定要与小宝分享。但一定要告诉大宝，既然你不想给弟弟妹妹玩，你就一定不要把你心爱的东西在他们面前炫耀。"

·父母要培养孩子之间的感情

培养孩子之间感情的方法当然有很多，比如，父母可以创造一些条件，让两个孩子单独相处，并要求他们相互配合完成一些事情。例如让他们一起参加某项活动，使他们在完全陌生的环境中，体会到团结互助的力量。总之，很多时候，两个孩子之间的相处，是无所谓公平不公平的，只要兄弟姐妹之间有很好的感情，那么所有的事情都容易处理；只要兄弟姐妹之间学会分享和礼让，那么家庭成员间的感情也会日益深厚。

让孩子在游戏中学会合作

合作不是一个个人的行为，而是一种集体的行为，这样就需要孩子要有足够的团队意识。对于孩子来讲，玩是他们的天性，也是孩子的天堂。尽管在我们大人看来，孩子之间玩的一些游戏很幼稚，但他们却能够在玩耍的过程中，激发出创造的欲望和想象的空间。如果孩子能在游戏中主动配合，分工协作，才能确保这个游戏活动的顺利进行。通过游戏，能够培养孩子的合作意识和解决问题的能力。音乐游戏、过家家角色扮演、跳大绳、丢沙包等游戏都可以培养孩子之间的合作。

川川是一个独生子，今年已经 5 岁了。平常的时候，他总是自己一人在家玩。一次偶然的机会，妈妈带他到邻居的蓉蓉家去串门，正好看到蓉蓉在玩积木，川川便凑上去，想拿起蓉蓉的积木一起玩。不料，蓉蓉却摆出一副不欢迎的样子，川川只好呆呆地坐在旁边，一副很尴尬的样子。妈妈见状，便让川川先在一旁耐心等待，之后又教他如何与蓉蓉商量。最后，两个小朋友开始了亲密的合作，终于建成一座非常漂亮的房子。

在这个案例中，川川由于是独生子，平常在家里，只能自己一个人玩。很多小孩子玩的游戏，父母是无法参与的。好在邻居家还有一个小朋友可以一块玩，但即使这样，父母也不可能经常带着他去邻居家玩。生育了二宝之后，在家里大宝就有了一块做游戏的玩伴。这时父母除了要保证孩子有充分的游戏时间之外，还要为孩子们提供可以合作的机会，鼓励他们积极玩一些合作性游戏。

其实，孩子的玩耍不仅仅是单纯的玩，还是培养孩子情商的重要途径。孩子在与同伴的游戏中，可以逐渐学会初步的社交、协商、分享、互助等规则。另外，游戏还可以起到帮助孩子独立决策、独立做事的作用，有利于培养孩子的自信心，尽快地适应社会生活，对其日后发展具有重要的价值和意义。

国外的心理专家曾做过这样一个实验，实验者让孩子们各自坐在一张小椅子上，游戏时不能站起来。在他们的前面不远处放一个盒子，里面放了一支彩色的粉笔。实验者给孩子们3根不同长度的棍子，然后再给他们每人一些夹子，目的是让孩子们用这些夹子将3根棍子连起来，最终将粉笔移出盒外。只要孩子们能让粉笔离开盒子，就算问题得到了解决。在做这个实验之前，实验者把孩子们分成了三组：第一组是观察组，即老师先做示范，然后再由孩子们来做；第二组是控制组，孩子们的一切活动都在老师的控制之下进行；第三组是游戏组，这一组只由老师告诉孩子们可以借助棍子和夹子将粉笔移出来，但没有任何的演示和讲解，让孩子们随便玩这些棍子和夹子。

游戏的结果是控制组完成得最差，观察组和游戏组解决问题的能力差不多，但观察组的孩子们一上来就按照老师演示的样子把棍子连起来，只要没有成功就不再尝试，直接放弃，经受不起任何的失败和挫折；游戏组的孩子们却表现得非常有耐心，他们耐心地尝试了许多办法，一种不行再试另一种，很少有人主动放弃，结果每个孩子都用自己的办法获得了成功。

从这个实验中，我们可以看出，控制组的孩子解决问题的能力最差，一个原因是他们没有看过老师的演示，另一个原因是他们根本就没有一点自由，一切行动必须由老师来控制，而他们的本

性又希望自由，这就和老师的要求形成了一种矛盾。这种矛盾无法得以解决，一直困扰着他们的思想活动，最终自然无法很好地完成任务；观察组的孩子虽然完成得较好，但由于事先看到了老师的演示，因此过分低估了问题的难度，真正要他们自己来操作时，一旦遇到挫折便失去了应有的耐心，不敢再做进一步尝试，而是选择了放弃；游戏组的孩子虽然没看过老师的演示，也没有得到老师的指导，但由于他们是抱着游戏的心态来操作，轻装上阵，没有任何的心理压力，在操作的过程中，虽然遇到了一些困难，但他们没有固定的思维模式，所以采用了各种方法，进行不断尝试，最终很好地解决了问题，圆满地完成了任务。

上面的这个案例是西方人教育孩子的一个经典案例，专家们认为通过游戏，不仅能够培养孩子的探索精神，还能够提高孩子面对失败和挫折的忍耐力。也就是说，游戏不仅可以帮助孩子提高解决问题的能力，还可以培养孩子过硬的心理素质。

通常情况下，孩子在玩游戏的过程中，肯定会遇到各种各样的问题，要解决这些问题，他们就必须通过不断地合作。这对于他们综合素质的提高，无疑具有积极的作用。相反，如果孩子在玩游戏时，父母都替他们扫清了一切障碍，或者在他们碰到问题时，都替他们解决，孩子自然就会凡事依靠大人，永远也学不会自己去解决问题。

孩子从单独活动到合作互动，是遵循着一定的发展规律的。年龄较小的孩子通常喜欢独自玩耍，很少会和其他的小孩一起玩一个游戏。到了年龄稍微大一点后，就会有了初步的合作意识，想要和大家一起玩一个游戏。因此父母不要操之过急，一定要因势利导，循循善诱。从生活中的日常小事做起，一步步培养孩子之间的合作意识，要让他们体会到合作的乐趣和好处。这种积极的体验会强化孩子尝试更多的合作机会。在游戏中，父母也要注意观察孩子在游戏中的反应。当孩子在游戏中能够较好地完成合作游戏时，要及时地给予肯定鼓励的语言、切实的赞美，温柔地抚摸孩子的头或者肩膀，使孩子感受到父母的鼓励。孩子自然就会在这种关注赞美中获得自信，获得成就感，从而使孩子在游戏中越来越注意合作的行为。

总之，游戏对培养孩子的合作精神和解决问题的能力，具有不可忽视的作用。生活中，我们经常会看到这样一种情况，当两个孩子通过合作，一起解决了自己所面临的问题后，他们的心中自然会生出一种说不出的愉悦感，尤其是这种"患难与共"的感觉，将陪伴他们度过人生中的风风雨雨。善于合作是现代人必备的性格特点，拥有良好的合作能力能为孩子将来奠定良好的人际交往基础，也能成就孩子未来的事业。

延迟满足，让孩子学会等待

很早以前，美国史丹佛大学曾经进行过一个著名的"棉花糖实验"。他们找来了一些三四岁的孩子，先把他们带到一个屋子里，然后给他们每人一块非常好吃的棉花糖，并告诉他们，大人要离开屋子半个小时，在这半小时之内，如果哪个孩子没有把那块棉花糖吃掉，那么等大人回来之后，还会再给他一块棉花糖。

结果，大人刚刚走出屋子，很多孩子就迫不及待地把那块棉花糖给吃掉了，只有少部分孩子经受住了考验，没有在半个小时之内把那块棉花糖给吃掉，也因此获得了另一块奖励的棉花糖。

然而，实验并未就此结束，实验者又对这些孩子进行了长年跟踪调查。结果发现，当初那些在半个小时之内把棉花糖吃掉的孩子，他们长大以后，大都表现得很平庸；而那些可以忍着不把棉花糖吃掉的孩子，他们长大之后，大都成为杰出的成功人士。

这个实验实际上是告诉我们：大多数孩子是没有忍耐力的，只有少部分孩子能够做到这一点。成功与

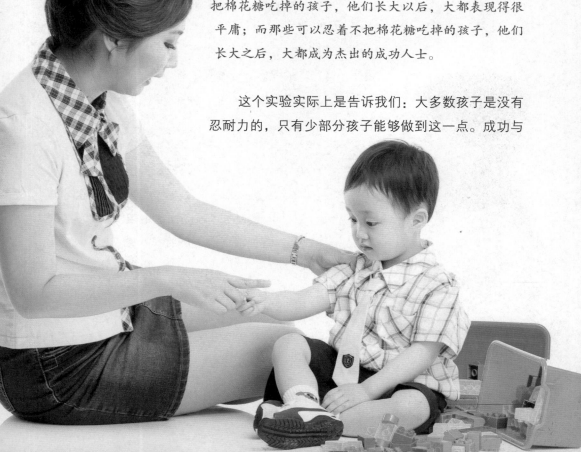

失败的差别，并不是仅仅依靠自身聪明与否以及努力的程度，还应该拥有"延迟满足"的心态，做到不急着吃那块棉花糖，而是在等待对的时机，然后获得比一个"棉花糖"更多的东西。所谓的"延迟满足"，就是我们平常所说的"忍耐"。为了追求更大的目标，取得更多的成就，获得更大的享受，可以放弃自己眼前的诱惑。

"延迟满足"不是单纯地让孩子学会等待，更不是一味地压制孩子的欲望，而是一种克服当前的诱惑力获得长远利益的能力。"延迟满足"是孩子能够学会自我克制的特征之一，是孩子学会面对各种诱惑时，能够克服自己心里的欲望，在等待中形成的一种自我控制能力。研究表明，"延迟满足"能力强的孩子，在将来面对复杂的社会环境时，往往表现出较强的自信心和忍耐力，能够更好地面对挫折困难，也就拥有更强的工作和学习的效率。

其实，我们每个人都有欲望，也都有面对诱惑的时候，更何况孩子。我们也应该知道，通过不断的训练，完全可以帮助孩子为了长远的目标而抵制眼前的诱惑。当眼前的诱惑与长远的目标发生冲突时，我们就必须让孩子学会延迟满足，学会等待，果断地拒绝眼前的诱惑，自觉抵制欲望。那么，如何训练孩子的忍耐力，学会等待？

★ 让孩子明白"等一下"的含义

当孩子还小的时候，尤其是对于1岁左右的宝宝，可能还没有"等待"的概念，也不太明白"等一下"的含义，他可能会指着门，迸出一个单词："外面"。这时你可以说："你先和哥哥玩会儿，等妈妈把你的奶瓶洗干净，然后装上水，我们再一起出去。"或者："等你把这小碗蛋羹吃完，咱们就去楼下等哥哥放学回来。"也就是说，对于年幼的孩子，父母需要把抽象的"等待"化成具体的事情，让他明白，即使是要实现那些合理的要求，也需要一点时间。

对于两岁以上的孩子，虽然已经有了"等待"的概念，但却往往抵制不了眼前的诱惑。这时，父母就需要把理由告诉他了。比如，当你给小宝买冰激凌时，而感冒的大宝却也要吃时，父母就应该告诉他现在他还不能吃的理由："你现在感冒，吃了冰激凌会变得更严重，得等感冒好了才能吃。"

延迟满足孩子的需求

平时对孩子忍耐力进行训练时，应该考虑到孩子的年龄和他的承受能力，然后采取循序渐进的办法，一点点延长他们忍耐的时间。一般情况下，对于 1 岁左右的孩子，最初能够等到三五分钟就已经很不错了。这时，如果孩子用大哭的方式来抗议，那就不妨让他哭

上 1 分钟左右。如果孩子在两岁左右，那么对于他的训练就可以稍微增加一点难度。父母可以给宝宝一个更好的选择，条件就是这个愿望要推迟到明天才能实现。当孩子经过 3 年左右的耐性训练后，他可能就会渐渐明白，很多美好的事情，是需要等待的。这时，对他的训练可以再增加一个难度。比如，当孩子提出要去游乐园时，妈妈不妨准备一个台历，然后告诉他："从现在开始，每天撕下一页，等撕到第五张的时候就可以去了。"

通过讲故事启发孩子抵制眼前的诱惑

父母可以通过讲故事的方式，让孩子明白，只要忍住眼前的一些诱惑，他就能够得到更多。比如，下面的这个故事，父母就可以经常给孩子讲。

有一条小河，河岸的这边到处都是荒草、烂叶，而且荆棘丛生，但河的对岸却是

繁花似锦，花香鸟语。有几条毛毛虫生在河岸的这边，面对着自己如此糟糕的生活环境，这些毛毛虫十分向往到河的对岸去生活。但现在又不能过去，于是它们开始抱怨自己的妈妈为什么把它们生在这种鬼地方。蝴蝶妈妈听到毛毛虫们的抱怨后，安慰它们说："你们知道吗？这边的环境虽然不是很好，但你们在这边生活会更安全，会让你们顺利地长大。等你们长大了，长出了翅膀，你们自然就能够飞到河的对岸去啦！"可是，那些毛毛虫们却不愿意等待，它们想现在马上就过去。

有一天，一个小男孩到河里游泳，不知不觉就游到了河的这边来。几条毛毛虫一看，认为机会来了，于是就迫不及待地落在那个小男孩的头上，想乘机让小男孩把它们"带"到对岸去。可是，小男孩在下水的时候，发现了自己头上的那些毛毛虫，他三下五除二就把它们全给拍死了。

不久，河边又游过来一群鸭子。那些毛毛虫一看，又开始蠢蠢欲动，它们想借助鸭子"游"到对岸去。虽然它们知道这样做很危险，但还是有几条毛毛虫毫不犹豫地落在鸭子们的身上。刚开始时，那些鸭子并没有察觉到它们，只是慢慢地往对岸游过去。然而，就在那些毛毛虫们为自己的聪明而暗自得意时，鸭子们却发现了彼此身上的美味，于是鸭子们饱餐了一顿。

即使这样，剩下的那些毛毛虫还是不甘心，它们仍然强烈地希望能够早点到对岸去，并不断地寻找新的时机。机会又一次来了，这一天，河上狂风大作，而且风是从河的这边往对岸那边刮的，于是毛毛虫们纷纷地爬上落叶，希望这些落叶能够把他们"载"到对岸去。然而，非常不幸，由于风刮得太猛烈了，那些树叶刚一落到水里没多长时间，就被掀翻了。这样一来，那些可怜的毛毛虫便被淹死在河里了。

最后，只有那只一直听妈妈的话，安心待在河岸这边的毛毛虫，慢慢地长大，并变成了一只美丽的蝴蝶。它扑闪着翅膀，高兴极了，因为它知道，自己终于可以飞到美丽的彼岸去了。

⭐ 教孩子分散注意力来延长等待的时间

从著名的"棉花糖实验"中，我们可以看出绝大多数的孩子自我控制的能力都比较弱。这也符合孩子身心发展的规律，所以父母不应该过分地苛责孩子，而是应该积极地想办法帮助孩子提高自控能力。在日常生活中，我们可以发现当幼小的孩子想要某一个东西时，父母又不想给予他时，往往会引逗幼儿看其他的东西，通过转移幼儿的注意力，达到让幼儿延迟满足的目的。对于稍大一点的孩子，父母就应该学习一些转移分散注意力的技巧，及时对孩子的负面情绪进行疏导，比如带他一起去看场电影，听听音乐，或者到野外快乐地玩耍等。

⭐ 鼓励孩子"延迟满足"，给孩子适当的赞美

对于孩子来说，要抵制眼前的诱惑，或者要控制自己的情绪，往往是一件非常痛苦的事。培养孩子"延迟满足"的能力离不开父母真诚的鼓励和赞美。当年幼的孩子按照父母的要求克服当前的诱惑时，经过努力，终于战胜自己时，父母一定要及时肯定孩子，赞美孩子，必要时，可以适当给予一些物质上的小奖励，这样可以使孩子能够更好地自我激励。

让孩子学会全力以赴

戴尔·泰勒是美国西雅图一座著名教堂里的一位牧师。有一天，这位德高望重的牧师在给教会的学生们讲完课后，又给他们讲了这样一个故事：

有一位猎人带着猎狗出去打猎。在路上，他们突然碰到一只兔子，猎人二话不说，举手就是一枪，而且击中了兔子的后腿。兔子受伤后，知道有人要射杀自己，于是拼命地逃生，而猎狗则在它的后面穷追不舍。可是，没过多久，兔子就把猎狗给远远地甩掉了。猎狗知道自己已经不可能追上兔子了，悻悻地回到猎人身边。猎人一看，气急败坏地说："笨蛋东西，连一只受伤的兔子都追不上，你是干什么吃的？"

猎狗听了猎人的训斥后，不服气地为自己辩解道："那只兔子跑得实在是太快了，我也没有办法呀，你也看到了，我已经尽力而为了呀！"

再说兔子逃回家之后，兄弟们一看它的样子，就问它是怎么回事，兔子便把自己刚才的遭遇跟它们说了一遍。兄弟们听后，都十分惊讶，并好奇地问它："你受了这么重的伤，那只猎狗又那么凶，你是怎么把它甩掉的呢？"

兔子回答说："很简单，因为它只是尽力而为，而我是竭尽全力呀！你们也知道，它追不上我，回去后顶多也就被主人骂几句，但如果我不竭尽全力地跑，那可就连命都没了呀！"

讲完这个故事之后，泰勒牧师又向全班同学郑重承诺：不管是谁，只要他能够把《圣经·马太福音》第五章到第七章的内容全部背出来，那么他就邀请那个人到西雅图的"太空针"高塔餐厅参加免费聚餐会。

参加"太空针"高塔餐厅的免费聚餐会？这是多少人梦寐以求的事呀！但是，《圣经·马太福音》第五章到第七章的全部内容，总共有几万字之多，而且很不押韵，所以要把这三章的内容全部背诵下来，其难度是可想而知的。所以，几乎所有的学生都选择了放弃。

然而，谁也没有料到的是，几天后，一个年仅11岁的男孩，却胸有成竹地站在泰勒牧师面前，将《圣经·马太福音》第五章到第七章的全部内容一字不漏地背诵出来，而且背到最后时，简直成了声情并茂的朗诵。

作为一名牧师，戴尔·泰勒比谁都清楚，即使是成年人，能够在这么短的时间内把这些内容全部背出来，也是很少见的，更何况是一个孩子呢。于是，泰勒牧师在赞叹男孩那惊人记忆力的同时，不禁好奇地问："你到底用的是什么方法，能够在这么短的时间内，背诵出这么长的文字呢？"

男孩不假思索地回答道："没有什么特别的方法，我只是竭尽全力！"

16 年后，这位男孩创办了一家举世闻名的公司——微软公司，这个男孩的名字叫比尔·盖茨。

从比尔·盖茨的这个故事中，我们至少可以得到这样的启示：一个人要想出类拔萃，要想创造奇迹，要想实现自己的梦想，仅仅做到尽力而为是远远不够的，必须要做到竭尽全力才行。

我们姑且不说比尔·盖茨在 11 岁时，对《圣经》的内容到底能够理解多少，单从他这种竭尽全力的风格来看，就知道他日后能够取得如此巨大成就的原因了。即使比尔·盖茨没有创办微软公司，而是从事其他行业，他也同样会获得成功，原因不是别的，恰恰就是那种竭尽全力的劲儿。

其实，每个孩子都有极大的潜能。正如心理学家所指出的那样，一般人的潜能只开发了 2%~8%，即使像爱因斯坦那样伟大的科学家，也只开发了 12% 左右的潜能。一个人如果开发出 50% 的潜能，就可以背诵 400 本教科书，可以学完十几所大学的课程，还可以掌握 20 多种不同国家的语言。也就是说，对于我们大多数人，实际上还有 90% 的潜能处于沉睡的状态中。所以，家有二宝的父母，不妨给孩子灌输这样一个观念——要想出类拔萃、创造奇迹，仅仅做到尽力而为还远远不够，必须竭尽全力才行。

在孩子在成长的过程中，肯定会遇到一些难题或者挫折。这实际上是孩子人生路上必须面对的考验，也是孩子成长和进步的机会，因为正是这些难题和挫折磨炼了孩子坚强的意志。然而，很多父母却不希望自己的孩子面对困难，要么让孩子知难而退，要么包办孩子的一切。殊不知，父母这样做，就等于把孩子成长的机会给剥夺了。聪明的父母不但不让

孩子躲避困难，反而会鼓励孩子迎难而上，甚至会有意给孩子制造一些困难，以此来训练孩子的耐性，让其竭尽全力。当然了，当父母有意对孩子进行这方面的训练时，也不要给孩子施加太大的压力，一定要根据他的实际年龄，以及这个年龄段所应具备的能力进行训练，所设计的难题只要稍微超出他当前的能力即可。比如，如果3岁的小宝"走迷宫"失败了，父母不妨告诉他："这对你来说确实有点难，当初哥哥也失败过好几次，但后来他终于成功了，你也一样，只要多试几次，就能够想到更好的办法，并获得成功的。"然后，可以将一些窍门告诉他，并反复对他说："你一定能行，一定能够走出去。"但是有的时候父母只有鼓励是远远不够的，还要引导孩子如何才能真正做到全力以赴。

有这样一个故事：一个小孩搬石头，父亲则在旁边鼓励说：孩子只要你能够全力以赴，一定能够搬得起来！费了九牛二虎之力后，孩子依然没有搬动那块石头。他告诉父亲：我已经拼尽全力，做到全力以赴了。父亲则答：你没有竭尽全力，因为我就在你的身旁，你却没有寻求我的帮助。父亲短短的一句话却教给了孩子，全力以赴的道路并不是要求孤军奋战，还要积极地寻求周围人的帮助，想尽所有的办法，用尽所有可用的资源。另外，不能单靠短短的一句话就让我们的孩子学会解决问题的方法和态度，也不能单靠一次的教育机会，而是需要父母长期的正确引导。

在孩子遇到挫折打算放弃的时候，父母一定要学着问孩子："你全力以赴了吗？你至今为止做了哪些努力呢？"尝试着引导孩子思考在做这件事时运用了哪些资源，还有哪些资源没有用。有的时候家长在一旁可以适当提示一下，鼓励孩子动脑筋再想一想其他的办法。孩子实在想不到时，家长要适时地伸出帮助的手和孩子一同挑战孩子遇到的挫折。长期坚持这么做下去，某一天你会惊奇地发现你的孩子已经学会全力以赴，而且出类拔萃。

做个好孩子，就是上帝最高的奖赏

很多孩子有了弟弟妹妹之后，心理经常感到不平衡，甚至会产生嫉妒、憎恶的情绪，并不完全是因为弟弟妹妹夺走了父母对自己的爱，而是因为他们不够自信。也就是说，他们还没有意识到自己存在的价值，更没有意识到自己之所以经常被忽略，是因为与弟弟妹妹相比，他们已经足够强大，甚至足够完美。

1963 年，《芝加哥先驱论坛报》儿童版"你说我说"的专栏主编西勒·库斯特先生收到一位名叫玛莉·班尼的女孩写来的一封信。玛莉·班尼在信中告诉西勒·库斯特先生，她实在不明白，为什么自己帮妈妈把烤好的甜饼送到餐桌上后，得到的只是一句"好孩子"的夸奖，而那个什么都不做，整天只知道捣蛋的戴维（玛莉的弟弟），得到的却是一个甜饼，而且当他把甜饼吃完之后，妈妈还夸他很乖。在信的最后，玛莉向西勒·库斯特先生问道："上帝真的是公平的吗？如果上帝是公平的，为什么不管是在家里还是在学校，像我这样的好孩子却经常被上帝忽略，甚至是遗忘呢？"

其实，十多年来，西勒·库斯特已经收到一千多封类似于这样的信了。孩子最关注的问题基本上也和玛莉·班尼一样："为什么上帝不奖赏好人，也不惩罚'坏蛋'呢？"而每次阅读这样的信件，面对这样的问题，他心里都非常沉重，却不知道该怎样来回答孩子们的这些问题。

就在西勒·库斯特对玛莉小姑娘的来信不知如何是好，暗自着急时，一位朋友邀请他去参加一场婚礼。就是在这次婚礼上，西勒·库斯特终于找到了问题的答案。而这个答案，更是让他在一夜之间扬名天下。

那么，西勒·库斯特是如何在这次婚礼上找到问题的答案的呢？西勒·库斯特先生后来是这样回忆那场婚礼的。牧师主持完订婚仪式后，新娘和新郎就开始交换戒指，当时这对新人完全沉浸在幸福之中，或许是因为太过激动和兴奋了。总之，他们在交换戒指的时候，两个人都阴差阳错地把戒指戴在了对方右手的手指上。站在一旁的牧师看到了这一情景，便幽默地对他们说："喔！右手已经够完美了，我想你们最好还是用它来装饰左手吧！"正是牧师的这一句话，让西勒·库斯特茅塞顿开。

是的，右手本来就已经非常完美了，所以没有必要再把饰品戴在右手上。同样的道理，那些好人，之所以经常被人们所忽略，不正好说明他们本身已经非常完美了吗？于是，西勒·库斯特先生得到这样的结论："上帝让右手成为右手，就是对右手的最高奖赏。同样的，上帝让好人成为好人，本身已经是对好人的最高的奖赏了。"

西勒·库斯特为自己发现了这个真理而兴奋不已。随后，他立即以"上帝让你成为一个好孩子，就是对你的最高奖赏"为题，给玛莉·班尼小朋友回了一封信。这封信在《芝加哥先驱论坛报》刊登之后，在很长的一段时间内，被美国及欧洲的一千多家报刊进行转载，并且在每年的儿童节，他们都要将这封信重新刊载一次。

在现实生活中，我们的孩子也经常遇到类似于玛莉小姑娘那样的事情。比如尽管他们为某件事付出了很多，却总是被我们所忽略，甚至是遗忘，而那个整天只知道哭闹，弄得全家不得安宁的小宝宝，却经常为长辈和邻居所津津乐道。这些事虽然算不上什么不幸，却不免让孩子感到郁闷。于是,孩子的心中便会有这样的疑问:为什么做个好孩子总是这么难?为什么"坏孩子"却很自在?为什么自己付出了那么多的努力别人却看不见?为什么那些捣蛋的孩子却经常得到别人的赞美?

面对孩子的这些疑惑,作为父母,当然要尽量平衡他的心态。然而,人的精力毕竟是有限的,很多时候,当两个宝宝在争宠时,我们只好先抱起最弱小的那个。而对于大孩子,则要尽量给予解释和安慰。

要让孩子明白,每个人来到这个世上,都是一个奇迹,所以对于自己的境遇,应该尽量抱持一种平和的心态,用感恩的心去面对一切。父母之所以不再像以前一样关注他,并不是因为不再爱他,而是要给他足够的自由。更为重要的是,父母对他很有信心,相信他已经足够强大,并能够处理好自己的事情。

要让孩子知道,最值得羡慕的人,不是那些最受别人关注的孩子,而是那些心胸博大,懂得宽容别人的孩子。因为宽容不但是一种美德,也是一种做人的品质,更是一种强者的姿态。

要让孩子懂得,在成长的过程中,除了玩具、掌声、鲜花和赞美以外,还有很多值得他去追求的东西。这些掌声、鲜花和赞美虽然也是一种奖赏,但这并不是最高的奖赏。只有毫无条件地做一个好孩子,才是上帝对他的最高奖赏。